GPTs 与 GPT Store

应用开发详解

雷韦春◎著

U0231761

北京大学出版社

PEKING UNIVERSITY PRESS

内 容 提 要

本书详细介绍了如何根据个人需求和应用场景创建定制化GPTs，为各个行业的创新者开辟了新的可能性，助力了各种新应用和服务的诞生。本书从理论到实战，由浅入深，对创建定制化GPTs的方法与技术进行了全方位的介绍，为希望深入了解并应用这一前沿技术的专业人士、开发者和爱好者提供了全面的学习指导。从而根据自己的需求定制和优化GPTs。

本书分四篇，共13章，包括ChatGPT介绍、定制化GPTs基础知识、GPTs使用场景介绍、GPTs创建步骤、使用GPTs的高级定制、使用Zapier完成自动作业、搭建LOGO制作助手GPT、搭建数学学习助手GPT、搭建邮件助手GPT、搭建插图助手GPT、搭建足球比赛查询GPT、GPT Store介绍、GPT Store上架实战。

本书内容详尽，原理论述简单明了，案例丰富，内容由浅入深，具有很强的可读性。它既适合初次接触AI技术的普通读者阅读，也适合有一定经验的AI从业者借鉴。此外，本书也适合那些需要了解最新ChatGPT技术的开发人员阅读。

图书在版编目(CIP)数据

GPTs与GPT Store应用开发详解 / 雷韦春著.
北京：北京大学出版社，2024.12. —— ISBN 978-7-301-35565-7

Ⅰ. TP18
中国国家版本馆CIP数据核字第20246YF404号

书　　　名	**GPTs与GPT Store应用开发详解**	
	GPTs YU GPT Store YINGYONG KAIFA XIANGJIE	
著作责任者	雷韦春　著	
责 任 编 辑	刘　云	
标 准 书 号	ISBN 978-7-301-35565-7	
出 版 发 行	北京大学出版社	
地　　　址	北京市海淀区成府路205号　　100871	
网　　　址	http://www.pup.cn　　新浪微博：@北京大学出版社	
电 子 邮 箱	编辑部 pup7@pup.cn　　总编室 zpup@pup.cn	
电　　　话	邮购部 010-62752015　发行部 010-62750672　编辑部 010-62570390	
印 刷 者	大厂回族自治县彩虹印刷有限公司	
经 销 者	新华书店	
	880毫米×1230毫米　32开本　8.75印张　251千字	
	2024年12月第1版　2024年12月第1次印刷	
印　　　数	1—4000册	
定　　　价	69.00元	

这个技术有什么前途

定制化GPTs（Custom GPTs）是由OpenAI推出的一种创新技术，它允许用户根据自己的特定需求和应用场景来创建定制版本的GPTs。这些定制版本的GPTs结合了用户指定的指令、额外知识和各种技能，使用户在工作、日常生活或特定任务中得到更多帮助。

GPTs为ChatGPT用户提供了更个性化的使用方式。对专业人员而言，使用定制化GPTs可以大大提高个人工作效率，相当于在ChatGPT的基础上注入自己的专业知识及深层次的技能。定制化GPTs不但能够实现个性化，而且能够实现零代码开发，只需要使用自然语言就能生成一款高度为自己定制的AI工具，生产力有了很大的提高。随后定制化GPTs的开发者还可以将GPTs发布到GPT Store（即GPT商店）中，获取经济利益。因此，随着定制化GPTs的版本迭代，技术更加成熟，掌握定制化GPTs能够极大地提升就业者的工作效率，带来更多的工作机会。学习和掌握定制化GPTs，可以帮助专业人员保持在技术前沿并抓住更多的商业机会，从而获得竞争优势。

🗓 笔者的使用体会

定制化GPTs的主要作用在于提供高度专业化和个性化的自然语言处理服务。这种定制化的核心优势在于用户能够根据自己的具体需求，如特定的工作任务、行业特点或个人偏好，来创建和调整GPT模型。这样的定制化使得GPTs能够精确地理解和处理特定类型的语言数据，适应不同行业的专业术语，以及满足个别用户独特的交流风格。

GPTs的一个显著特点是其高度个性化的定制能力。用户可以根据自己的具体需求和偏好来定制GPT模型，这种定制化不仅限于调整模型的参数，还包括为模型添加特定的知识、技能和功能。这使得每个定制的GPT无论是在工作、学习还是在日常生活中的应用，都能够精确地满足用户的特定需求。

GPTs的另一个显著特点是其易于使用的界面，这使得即使没有编程知识的非技术用户也能轻松构建自己的GPT。用户可以通过简单的指令和选项来定制他们的GPT，这种易用性大大降低了技术门槛。因此，无论是在个人项目还是在专业的工作中，GPTs都可以应用，从而使更多人能够利用GPT技术。

GPTs还有一个特点是具有功能多样性，它可以执行从基本的网页搜索到复杂的图像制作或数据分析等多种任务。这种功能多样性使得GPTs能够在不同的场景中发挥作用，如内容创作、教育辅助、商业分析等。用户可以根据自己的需求选择和组合不同的功能，使得每个定制的GPT都是独一无二的，能够精确地满足用户的特定需求。

总的来说，定制化GPTs为不同行业的专业人士提供了一个高效、灵活且功能强大的AI工具。它不仅能够为初学者提供简单快速的使用体验，也能通过其高级功能为资深开发者提供更深层次的帮助。

本书特色

- **内容详尽**：从GPTs的申请方式到基本原理、功能特点，再到实战案例，都一一进行了详细讲解。
- **深入浅出**：按照循序渐进的方式，内容讲解从简单到复杂，易于理解，旨在帮助读者快速掌握基本应用。同时，书中也为读者提供了深入高阶功能的机会，使他们能够根据自身能力进行更深层次的学习和应用。
- **内容新颖**：书中的内容讲解紧跟定制化GPTs的最新版本。
- **内容实用**：结合大量实例进行讲解，并从设计到创建、配置、测试等方面对具体的应用进行说明。

本书内容

本书内容分为四篇，第1篇是认识ChatGPT与GPTs，第2篇是GPTs功能讲解，第3篇是GPTs实战，第4篇是GPT Store。

第1篇主要介绍了定制化GPTs的相关知识，包括ChatGPT介绍、定制化GPTs基础知识。

第2篇是GPTs的功能讲解，包括GPTs使用场景介绍、GPTs创建步骤、使用GPTs的高级定制、使用Zapier完成自动作业。

第3篇是GPTs实战，通过实际案例，详细讲解了如何创建定制化GPTs，包括搭建LOGO制作助手GPT、搭建数学学习助手GPT、搭建邮件助手GPT、搭建插图助手GPT、搭建足球比赛查询GPT五个案例。

第4篇介绍了GPT Store，包括GPT Store的内容介绍，以及GPT Store的上架操作，方便读者展示自己的创新成果。

本书读者对象

- 各行各业的专业人员；

- 有人工智能基础的人员；

- 人工智能应用的开发人员；

- 对定制化 GPTs 感兴趣的人员；

- 正在学习人工智能的学生。

温馨提示：本书所涉及的资源已上传至百度网盘，请读者关注封底的"博雅读书社"微信公众号，找到"资源下载"栏目，输入本书 77 页的资源下载码，根据提示即可获取。

第1篇　认识ChatGPT与GPTs

第2篇　GPTs功能讲解

第3篇　GPTs实战

第1篇
认识ChatGPT与GPTs

　　本篇旨在介绍ChatGPT的基本概念和工作原理，这是一个基于GPT（Generative Pre-trained Transformer，生成式预训练变换器）架构的先进人工智能聊天机器人。在这里我们还将探讨ChatGPT推出的具有功能定制化的GPT，这是本书的核心内容，涉及定制化GPTs（Custom GPTs，简称GPTs）的具体作用和应用场景。我们将简单介绍定制化GPTs，以及获取该功能的步骤和方法，以帮助我们对其概念与使用方法有初步的了解。

第1章

ChatGPT 介绍

ChatGPT 是由 OpenAI 开发的基于 GPT 架构的人工智能聊天机器人，能够理解和生成自然语言，提供与人类类似的对话体验。这一工具因其强大的语言处理能力和灵活的应用场景而受到广泛关注，在客户服务、教育辅导、内容创作等多个领域得到广泛应用。OpenAI 还推出了定制化 GPTs，这是在 ChatGPT 平台上基于 GPT 进行个性化定制的人工智能。

1.1 认识 ChatGPT

ChatGPT 是基于大语言模型的聊天机器人，于 2022 年 11 月 30 日发布。它基于 GPT-3.5 或 GPT-4 模型，这些模型都是 OpenAI 专有的 GPT 系列模型的一部分。这些模型通过在大规模数据集上进行预训练，学会了理解和生成自然语言。此外，ChatGPT 在对话应用方面进行了微调，从而能够更流畅地与用户进行交互。

1.1.1 ChatGPT 与 OpenAI

OpenAI，成立于 2015 年，是一家位于美国的人工智能研究组织，OpenAI 的使命是开发"安全且有益"的人工通用智能，旨在创造能够在大多数有经济价值的工作中超越人类的高度自主系统。

OpenAI 的成立是人工智能领域的一个重要转折点。它的创立是对日益发展的 AI 技术和其潜在影响的回应。组织最初作为一个非营利实体成立，目的是在 AI 研究和开发方面保持透明度和开放性。2019年，OpenAI 转型为"盈利上限"的公司模式，这一转变旨在吸引更多的投资，同时保持其长期的使命和价值观。

2019年和2023年，微软均向 OpenAI 进行了投资，这些投资不仅提供了资金支持，还包括在微软 Azure 云服务上的计算资源，这对 OpenAI 的研究和开发工作至关重要。这种合作使 OpenAI 能够利用微软的云计算能力，加速对其 AI 模型的训练和开发。

OpenAI 的研究重点包括机器学习、深度学习、强化学习及人工智能安全和伦理问题。该组织在 AI 领域取得了多项重要成就，包括开发了 GPT 系列模型、DALL·E 图像生成模型和 OpenAI Five（一种在复杂游戏环境中竞争的 AI 系统）。

作为 OpenAI 旗下的一项创新技术，ChatGPT 基于 OpenAI 广受赞誉的 GPT 架构，是一种先进的自然语言处理（Natural Language Processing，NLP）技术，能够理解人类语言模式并生成类似人类写作的风格。

ChatGPT 的开发反映了 OpenAI 在人工智能领域的广泛研究和技术创新。通过不断迭代 GPT 模型，OpenAI 成功地将 ChatGPT 推向市场，提供了一个与人类进行自然对话的能力，这在教育、客户服务、娱乐等多个领域都有实际应用。OpenAI 不仅提供技术支持和更新以保持 ChatGPT 的先进性和有效性，还确保使用符合伦理的标准和安全的准则，以防止滥用和减少潜在的负面影响。

总的来说，ChatGPT 是 OpenAI 技术创新和研究成果的直接体现，展示了 OpenAI 在推动人工智能技术发展和应用方面的领导地位。通过 ChatGPT，OpenAI 不仅展示了其在自然语言处理领域的深厚实力，也进一步推进了其使命，即确保人工智能技术的发展能够以安全和有益的方式服务于全人类。

1.1.2 ChatGPT 的主要功能

ChatGPT 的核心功能包括自然语言对话、回答问题、提供信息和进行聊天，这些功能展现了其在自然语言处理方面的先进技术和广泛应用的潜力。

1. 自然语言对话

自然语言对话是 ChatGPT 的核心功能，它指的是 ChatGPT 能够理解和使用人类日常使用的语言进行交流。

自然语言包括各种人类语言，如英语、汉语、西班牙语等，这些语言充满了丰富的表达和文化特色，与计算机编程语言截然不同。

自然语言处理技术使得 ChatGPT 能够解析和理解用户的语言输入，包括复杂的句子结构和日常用语。即使是含糊或多义的表达，ChatGPT 也能够根据上下文理解语言的含义，从而实现对话功能。

2. 回答问题

用户可以向 ChatGPT 提出各种问题，从简单的事实查询到复杂的建议请求。无论是科学、历史、技术方面的问题，还是日常生活的问题，ChatGPT 都能提供回答。

ChatGPT 可以通过分析问题的关键词和上下文来生成回答。它能够从其庞大的知识库中提取信息，以提供准确和相关的回答。

3. 提供信息

ChatGPT 不仅是一个问答工具，它还能提供各种信息服务。例如，它可以提供最新的新闻、天气预报或教育相关内容。

ChatGPT 还能够根据用户的兴趣和需求提供定制化的信息，作为个人助理，它能够提供定制的新闻摘要或教育资源。

4. 进行聊天

ChatGPT 能够以更自由的形式进行聊天，即它不仅限于事实性的回答。用户还可以与 ChatGPT 讨论兴趣爱好、分享笑话，甚至进行深入的哲学对话。

　　ChatGPT还能够适应不同的聊天风格和话题，从轻松的日常对话到深入的专业讨论，其聊天能力不仅体现在信息的准确性上，还包括能够理解人类的情感和幽默，并参与其中。

　　总的来说，这些功能使得ChatGPT不仅是一个信息查询工具，更是一个能够进行深入交流和提供个性化服务的智能伙伴。随着技术的不断发展，ChatGPT在提供更自然、更智能的对话体验方面将会持续进步。

1.1.3　ChatGPT 的对话处理

　　当我们向ChatGPT提问时，它会在自己的信息库中寻找答案，然后用自己的话回答我们。这就像是图书管理员在无数的书籍中找到了需要的信息，并用自己的话告诉我们。

1. 分析用户问题

　　当用户向ChatGPT提出问题时，它的首要任务是理解问题的含义。这个过程涉及分析问题中的关键词和短语，以及理解问题的整体意图。为了实现这一点，ChatGPT利用了自然语言处理技术，这是一种能使计算机理解和解释人类语言的先进技术。通过这种技术，ChatGPT能够模拟人与人之间的交流方式，理解用户的查询并做出适当的回应。

2. 生成回答

　　ChatGPT在理解了问题之后，它会在其庞大的知识库中搜索答案。这个知识库是通过分析互联网上的大量文本资料构建的，包括书籍、文章、网站等。这些资料涵盖了广泛的主题和领域，使得ChatGPT能够回答各种各样的问题。在搜索过程中，ChatGPT会评估不同的可能回答，并选择最合适的一个。这个过程类似于人类大脑在回忆和思考时的工作方式，其中涉及对信息的筛选、评估和综合。

　　ChatGPT犹如一位博览群书的图书管理员。就像图书管理员清楚地知道哪本书有我们所需要的信息一样，ChatGPT能够准确地从其知识库中提取相关信息。和图书管理员能够根据访客的需求推荐书籍一样，ChatGPT能够根据用户的问题生成个性化的回答。这种个性化的回答不仅基于问题的内容，还考虑了用户的意图和上下文。

3. 处理复杂对话

除了回答简单的直接问题，ChatGPT 还能处理更复杂的对话场景。它能够记住对话的上下文，这意味着它能够理解和参考之前对话中的信息。这种能力使得 ChatGPT 能够在多轮对话中提供连贯和相关的回答，就像与一个真实的人进行对话一样。无论是进行深入的讨论、探索复杂的话题，还是进行轻松的闲聊，ChatGPT 都能够适应不同的对话风格和需求。

总之，ChatGPT 的工作原理和对话处理能力展现了其在自然语言理解和生成方面的先进技术。通过理解用户的语言和提供相关的回答，ChatGPT 能够在多种场景中提供高质量的对话，从而成为一个有用的工具和伙伴。随着技术的不断发展和优化，ChatGPT 在提供更自然、更智能的对话体验方面将持续进步。

1.2 ChatGPT 基本原理

ChatGPT 通过预训练和微调技术，形成了其独特的对话处理能力。预训练结合了深度学习技术、变换器模型技术，通过这些技术，ChatGPT 能够理解和生成自然语言，提供流畅且相关的对话体验。它能够适应不同的对话场景和用户需求，使得用户与机器的交流更加自然和智能。

1.2.1 ChatGPT 的学习过程

ChatGPT 的学习过程主要包括两个阶段：预训练和微调。

1. 预训练

在这一阶段，ChatGPT 利用 GPT 原理，通过分析大量的文本数据（如书籍、文章、网页内容）来学习语言的基本结构、词汇和表达方式。这一过程依赖 GPT 的深度学习和变换器模型的能力，使得 ChatGPT 能够捕捉语言的复杂性和多样性。

预训练过程如下所示。

（1）数据训练。

①文本数据的广泛收集。ChatGPT 的学习过程开始于收集大量的文本数据。这些数据来源包括各种书籍、文章、网页内容等，涵盖了广泛的主题和风格。这些文本资料就像一个巨大的数字图书馆，为 ChatGPT 提供了丰富的语言样本。

②语言结构的学习。在这个阶段，ChatGPT 通过分析这些文本数据，学习了语言的基本结构。这包括了解句子是如何构成的，以及不同的词汇是如何组合在一起表达特定意思的。ChatGPT 还学习了不同的表达方式，包括正式的写作风格和日常的对话方式，从而能够适应各种交流场景。

（2）模型训练。

①深度学习技术的应用。深度学习是一种先进的计算机技术，它使得机器能够通过大量数据学习识别复杂的模式，类似于人类的学习过程。通过深度学习技术，ChatGPT 能够理解语言的复杂性和学会如何有效地回答问题。

②变换器模型的特性。变换器模型是深度学习中特殊的一部分，它特别适合于处理和生成长文本序列。这种模型擅长理解长句子中不同词语之间的关系，以及一段对话中的不同观点。它能够捕捉语言中的细微差别和复杂结构。

2. 微调

在预训练的基础上，ChatGPT 可以通过微调过程进一步优化，以适应特定的聊天任务或用户需求。这一阶段仍然依赖 GPT 的技术框架，但更加专注于特定类型的对话数据，使得 ChatGPT 能够提供更精准和个性化的回答。

通过这种深入的学习过程，ChatGPT 不仅掌握了语言的基础知识，还学会了如何流畅和自然地使用语言。ChatGPT 能够理解复杂的查询，并生成语句连贯、逻辑合理的回答。

ChatGPT 的学习过程类似于构建一个庞大的语言知识库。通过阅读和分析大量的文本数据，它学习了语言的结构、词汇和表达方式。然后，利用深度学习技术，尤其是变换器模型，ChatGPT能够处理和生成长文本序列，理解复杂的语言模式。这使得ChatGPT不仅能够理解人类的语言，还能以自然和流畅的方式与用户进行交流，从而在各种交流场景中提供高质量的对话体验。随着技术的不断发展和优化，ChatGPT在提供更自然、更智能的对话体验方面将持续进步。

1.2.2　深度学习技术

深度学习是一种革命性的计算机技术，它使计算机能够模拟人类大脑的学习过程。这种技术是人工智能领域的一个重要分支，专注于开发能够从数据中学习和做出决策的系统。

1. 基本原理

（1）模仿人脑。深度学习的灵感来源于人类大脑的工作方式。人脑由一百亿个神经元组成，这些神经元通过复杂的神经网络相互连接，处理来自感官的信息。在深度学习中，这种神经网络被模拟为"人工神经网络"，它由许多简单的、相互连接的单元（称为"神经元"）组成，这些单元可以处理数据并从中学习。

（2）层次结构。人工神经网络包含多个层次，每个层次都由许多神经元组成。数据在这些层次之间传递，每一层都对数据进行特定的处理。随着数据传递通过更多的层次，网络能够识别越来越复杂的模式。例如，在图像识别任务中，初级层次可能识别边缘和颜色，而更高级的层次可以识别对象和场景。

2. 学习过程

（1）训练与学习。深度学习网络通过"训练"进行学习。在训练过程中，深度学习网络被提供了大量的数据样本，例如图片、文本或声音，通过分析这些数据，它能够逐渐学习和识别数据中的模式和规律。这个过程类似于人类通过经验学习。

（2）调整和优化。在学习过程中，网络会不断调整其内部结构（神经元之间的连接强度），以更好地处理和解释数据。这种调整是通过一种称为"反向传播"的算法实现的，该算法能够帮助网络识别错误并改进其性能。

3. 深度学习的应用领域

（1）语言处理。在语言处理任务中，深度学习网络可以学习、理解和生成自然语言，这使得它们能够执行翻译、文本摘要和聊天机器人等任务。深度学习网络通过分析大量的文本数据，从而学习语言的结构、语法和词汇。

（2）图像和声音处理。深度学习也广泛应用于图像和声音处理领域。例如，在图像处理领域，它可以用于识别照片中的对象、人脸或情感；在声音处理领域，它可以用于语音识别、音乐生成等任务。

总体而言，深度学习是一种强大且多才多艺的技术，它通过模仿人类大脑的工作方式，使计算机能够学习和处理复杂的数据。从语言到图像，深度学习正在改变我们处理信息和与机器交互的方式。随着技术的不断进步，深度学习将继续在各个领域发挥重要作用，推动人工智能技术的发展。

1.2.3　变换器模型

变换器模型是一种先进的深度学习架构，它在自然语言处理领域引起了革命性的变化。这种模型特别适合处理文本等序列数据，已成为理解和生成人类语言的主要技术。

1. 核心特性：自注意力机制

（1）自注意力的概念。自注意力是变换器模型的核心特性。它允许模型在处理一个词时，同时考虑句子中的其他词。这种机制使得模型能够理解每个词在整个句子中的作用和意义。例如，在处理词"bank"时，模型能够根据上下文判断它是指金融机构还是河流的边缘。

（2）自注意力的优势。传统的序列处理模型，如循环神经网络（Recurrent Neural Network，RNN），通常按顺序处理文本，这限制了它们理解上下文的能力。自注意力机制通过并行处理整个文本，克服了这一限制。这种并行处理方式不仅提高了效率，还增强了模型理解复杂语言结构的能力。

2. 变换器模型的结构

（1）编码器和解码器。

变换器模型通常由两部分组成：编码器和解码器。编码器负责处理输入数据（如一段文本），而解码器则用于生成输出（如翻译后的文本）。

每个部分由多个层组成，每一层都包含自注意力和前馈神经网络，这些层共同工作以提取和处理信息。

（2）工作流程。

在编码器中，模型能够读取并分析输入文本，理解其含义和结构。

解码器则利用编码器的输出来生成响应或完成特定任务，如回答问题或翻译文本。

3. 变换器模型的应用

（1）语言理解和生成。变换器模型在理解和生成自然语言方面的表现很出色。它能够执行复杂的任务，如文本翻译、生成摘要、回答问题，甚至创作诗歌或故事。这种模型的出现极大地提高了机器翻译的质量，使得自动摘要和问答系统更加准确和可靠。

（2）影响和创新。变换器模型已经成为自然语言处理领域的标准工具，推动了该领域的快速发展。它的应用不仅限于语言处理，还扩展到了其他领域，如图像识别和音乐生成。

1.2.4 模型微调

为了适应特定的聊天任务，ChatGPT 在预训练的基础上进行了微调，使用对话数据来优化其回应能力。

在微调过程中，模型会学习如何生成连贯、相关且有用的回答，并在保持上下文一致性的同时回应用户的查询。

微调是一个特殊的训练过程，能够让 ChatGPT 适应特定的聊天任务。想象一下，如果一个人要成为专家，他不仅需要广泛的知识，还需要在特定领域有深入的了解。对于ChatGPT来说，微调就是这个深入了解的过程。

在预训练阶段，ChatGPT已经通过阅读大量的文本学习了语言的基本知识。微调则是在这个基础上，通过特定类型的对话数据做了进一步训练，使其更好地适应特定的聊天场景。

在微调过程中，ChatGPT会使用实际的对话数据，这些数据更接近于它在实际应用中会遇到的场景。通过这些特定的数据，ChatGPT能够学习和适应用户的具体需求和对话风格。

微调的优化策略一般有两种，即生成连贯回答和保持上下文一致性。

1. 生成连贯回答

微调的目标之一是使ChatGPT能够生成连贯、相关且有用的回答。这意味着ChatGPT不仅要回答问题，还要确保回答的连续性，上下文能联系上。

例如，如果用户在对话中提到了特定的主题或早前的问题，ChatGPT能够记住这些信息，并在后续的回答中考虑这些上下文。

2. 保持上下文一致性

在微调过程中，特别强调让模型在回应用户查询时能够保持上下文的一致性。这就像是在与一个人进行对话时，对方能够记住你之前说过的话，并在这个基础上进行回答。

这种能力使得ChatGPT的回答不仅准确，而且更加自然和人性化，因为它能够构建一个连贯的对话流程。

通过微调和优化，ChatGPT不仅学会了语言的基础知识，还学会了如何在特定的对话场景中有效地使用这些知识。这使得它能够更好地理解用户的需求，提供更准确和个性化的回答。

这一过程类似于为ChatGPT定制一个专业培训课程，使其成为特定领域的"专家"。

对于用户来说，这意味着与ChatGPT的交流将更加流畅和有益。无论是寻求具体信息、探讨特定主题，还是进行日常聊天，ChatGPT都能提供更高质量的对话体验。

随着技术的不断发展，ChatGPT在理解和回应用户方面的能力将持续提升，为人们提供更加智能和贴心的服务。

1.3 ChatGPT 申请流程

要使用定制化GPTs，用户需要先在OpenAI的官方网站上注册一个账号，这个账号将作为使用OpenAI提供的各种服务和工具的基础。注册完成后，用户需要在OpenAI中开通ChatGPT的Plus服务。Plus服务是OpenAI提供的一种高级服务，它允许用户访问更多高级的功能和资源，包括对定制化GPTs的访问权限。通过开通Plus服务，用户可以开始创建和使用针对特定需求定制的GPT模型，以满足更专业或个性化的应用场景。本节主要介绍申请ChatGPT注册OpenAI账户及开通Plus服务的流程。

1.3.1 注册 OpenAI 账户

注册OpenAI账户的步骤如下所示。

1. 打开浏览器并访问 OpenAI 网站

在浏览器的地址栏中输入OpenAI的网址。如果之前没有登录过OpenAI，网页可能会自动跳转到登录页面，如图1.1所示。

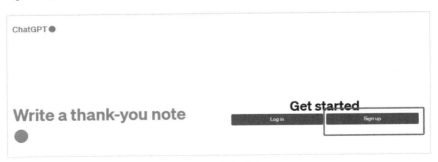

图 1.1　登录页面

2. 进入注册页面

在登录页面上，找到并单击"Sign up"（注册）按钮，该按钮位于页面的右边。单击后，页面会跳转到注册页面，如图1.2所示。

3. 填写注册信息

在注册页面上，需要输入你的电子邮箱地址。这个邮箱地址将作为你以后登录OpenAI的账号，输入完毕后，单击"Continue"按钮进入密码设置页面，如图1.3所示。

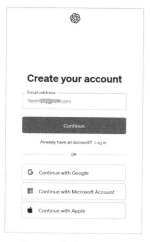

图1.2 账号注册页面 　　　图1.3 设置账号密码

在设置密码时需要注意，根据OpenAI的要求，密码需要至少包含12个字符。为了账户安全，建议使用包含大小写字母、数字和特殊字符的组合。

4. 邮箱验证

完成邮箱和密码的输入后，单击提交或注册按钮。

此时，页面会跳转到一个新的页面，通常会有提示，告诉用户有一封验证邮件已发送到所提供的邮箱地址，如图1.4所示。

打开所注册的邮箱，查找来自OpenAI的验证邮件。如果没有看到，可以检查一下垃圾邮件文件。

5. 激活账户

在邮件中，将会有一个"Verify email address"按钮或验证链接，可以单击这个按钮或链接来验证邮箱地址，如图1.5所示。

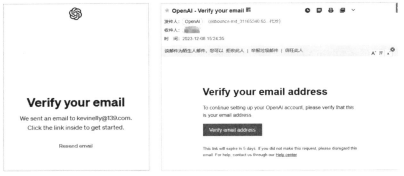

图 1.4　提示邮箱验证　　　　　　　　图 1.5　邮件确认

6. 输入基本信息

单击链接后，将打开一个新的浏览器窗口或标签页，要求用户输入基础信息，并阅读网站规则和隐私政策，如图1.6所示。

7. 登录账户

输入完用户基本信息后，单击"Agree"按钮，进行登录并跳转到主界面。看到主界面，即表明已成功注册并可以登录使用其中的ChatGPT服务，如图1.7所示。

图 1.6　OpenAI基本信息　　　　图 1.7　初次使用ChatGPT服务
　　　　输入

完成以上步骤后，我们可以开始使用OpenAI的服务了。如果在注册过程中遇到任何问题，可以查看OpenAI的帮助文档。

1.3.2　将 ChatGPT 升级 Plus

目前，GPT-4和定制化GPTs服务仅对Plus用户开放，因此，要访问这些服务，需要将ChatGPT账户升级至Plus版本。

1. 登录并准备升级账户

首先，登录OpenAI账户，进入ChatGPT界面。然后，在主界面的左下角，找到并单击"Upgrade"（升级）按钮，如图1.8所示，这将引导我们开始升级到Plus账户。

图 1.8　ChatGPT 升级按钮

2. 输入支付信息

在升级过程中，系统会要求我们输入信用卡信息以完成支付。目前，ChatGPT Plus的费用是每月20美元，按照提示完成支付信息的输入即可。

3. 升级到 Plus

完成支付信息的输入后，账户将被升级到Plus。升级后，我们将在左侧菜单栏中看到"Explore"（探索）选项，如图1.9所示。

在对话模式中，我们现在可以选择使用GPT-4。

图 1.9　ChatGPT 主界面

1.3.3 注册及升级 Plus 的注意事项

1. 处理暂停升级的情况

当访问升级页面时，如果发现
升级按钮为灰色，并且显示暂停升
级的消息，如图 1.10 所示，这表明
目前无法进行升级操作。

在这种情况下，建议用户等待
几小时后再次尝试。通常，这种暂
停是高需求或系统维护导致的临时
状态。

图 1.10　ChatGPT 升级 Plus 图

2. 加入等待名单

如果升级按钮是可单击的，并显示"Add to waitlist"（加入等待名单），
用户应单击此按钮以加入升级等待名单。

加入升级等待名单后，可能需要等待几小时到一天。在此期间，系

统会处理排队请求，之后用户可以返回页面，继续升级流程。

3. 应对系统繁忙提示

在登录过程中，可能会出现系
统繁忙的提示，如图1.11所示。

这通常是由于服务器负载较高
或遇到了临时的网络问题。如果遇
到这种情况，建议用户刷新页面并
尝试重新登录。

4. Plus 账户的对话次数限制

图 1.11　ChatGPT 升级报错图

即使账户已经成功升级到Plus，
用户在使用GPTs和GPT-4时仍然会面临对话次数的限制。

目前，对于Plus账户，GPTs和GPT-4的对话次数限制为每三小时
四十次。一旦达到这个限制，系统会显示一条提示消息，通知用户已达
到使用上限。

第2章

定制化 GPTs 基础知识

定制化GPTs是由OpenAI推出的一种创新技术,它允许用户根据自己的特定需求和应用场景创建定制版本的GPT模型。这些定制版本的GPT模型结合了用户指定的指令、额外知识和各种技能,使其在日常生活、特定任务、工作或家庭中更有帮助。定制化GPTs允许用户根据自己的特定需求和应用场景定制专业化的GPT服务,是一种基于OpenAI的GPT模型的定制服务,该模块属于ChatGPT的高级功能模块。如无特殊说明,本书中以下提到的GPTs均为定制化GPTs,GPT为定制化GPTs的单数形式,即个体。

2.1 定制化 GPTs 概述

GPTs为ChatGPT用户提供了更个性化的使用方式。例如,用户可以创建一个专门用于学习棋盘游戏规则的定制化GPT,或者设计一个专门用于教授孩子数学知识的版本,甚至可以创建一个专门用于设计贴纸或其他艺术作品的定制化GPT。

定制化GPTs的主要作用在于提供高度专业化和个性化的自然语言处理服务。这种定制化的核心优势在于用户能够根据自己的具体需求,如特定的工作任务、行业特点或个人偏好，来创建和调整 GPT 模型。这样的定制化使得 GPTs 能够精确地处理和理解特定类型的语言数据，适应不同行业的专业术语，以及满足个别用户独特的交流风格。

在医疗行业中，定制化 GPTs 可以被特别定制用来理解医学领域的专业术语和患者的具体询问。这意味着医生、护士或其他医疗专业人员可以使用这种定制化的 GPT 模型来帮助解释复杂的医学概念，提供病情咨询，甚至协助诊断过程中的数据分析。

在法律领域，定制化 GPTs 可以被训练用来精确理解法律文档、案例和法律术语，从而能够协助律师和法律顾问在准备案件、提供法律咨询或进行法律研究时为他们提供支持。

在教育领域，它们可以被定制为个性化的学习助手，帮助学生学习特定的科目或技能，如数学问题解答、语言学习或编程技能的培养。

此外，定制化 GPTs 的应用不仅限于专业领域。在娱乐领域，定制化 GPTs 可以被用来创建互动式的游戏、故事讲述或其他形式的娱乐内容。在提升工作效率方面，它们可以被用于自动化处理日常任务、数据分析，或者提供决策支持。

总之，定制化 GPTs 的灵活性和定制化能力使其成为一个多功能的工具，适用于各种行业和个人需求。无论是在专业领域提供专业知识，还是在日常生活中提供个性化服务，定制化 GPTs 都能够提供强大的支持和便利。随着技术的不断发展，定制化 GPTs 的应用范围和能力预计将进一步扩大，为各个领域带来更多创新和高效的解决方案。

2.2　定制化 GPTs 的特点

定制化 GPTs 的特点在于其高度的个性化定制能力、易于创建的用户体验、功能的多样性及社区驱动的特性。这些特点使得 GPTs 不仅是一种强大的技术工具，也是一个促进创新、知识分享和社区参与的平台。无论用户的背景如何，他们都可以利用 GPTs 来实现自己的目标，如提高工作效率、促进学习或简单地探索新的创意。随着技术的发展和社区的成长，GPTs 将继续在各个领域发挥重要作用，推动个性化和创新的发展。定制化 GPTs 的特点具体如下所示。

1. 个性化定制

（1）定制化的核心价值。GPTs 的核心特点在于其高度的个性化定制能力。这意味着用户可以根据自己的具体需求和偏好来定制 GPT 模型。这种定制化不仅限于调整模型的参数，还包括为模型添加特定的知识、技能和功能。

（2）适应多种用途。用户可以为各种特定的任务、工作内容或家庭用途定制 GPT。例如，家长可创建一个专门用于辅导孩子学习的 GPT，而企业则可定制一个专门用于处理客户服务或数据分析的 GPT。在教育领域，教师可以定制 GPT 来辅助教学，提供个性化的学习材料或互动式的学习活动。

2. 易于创建

（1）用户友好的创建过程。创建 GPTs 的过程被设计得简单直观，使得即使没有编程知识的非技术用户也能轻松构建自己的 GPT。这通常通过用户友好的界面进行，用户可以通过简单的指令和选项来定制他们的 GPT。这种易用性降低了定制化的进入门槛，使得更多人能够利用 GPT 技术，无论是用于个人项目还是专业工作。

（2）无须深入技术细节。用户在创建 GPT 时不需要深入了解机器学习或自然语言处理的复杂技术细节。他们可以通过选择预设的功能、添加特定的内容或调整参数来定制模型。

3. 功能多样

（1）广泛的应用范围。GPTs 可以执行多种任务，从基本的网页搜索到复杂的图像制作或数据分析。这种多功能性使得 GPTs 能够在不同的场景中发挥作用，如内容创作、教育辅助、商业分析等。例如，GPTs 可以被用来自动生成文章或报告，辅助设计图像或图表，或者进行市场趋势的数据分析。

（2）适应不同需求。由于GPTs具有功能多样性，用户可以根据自己的需求来选择和组合不同的功能。这使得每个定制的GPT都是独一无二的，能够精确地满足用户的特定需求。

4. 社区驱动

（1）鼓励社区参与。GPTs鼓励社区成员参与定制化GPTs创建和分享的过程。社区成员不仅包括技术专家和开发者，也包括教育工作者、教练、爱好者等各种背景的人士。社区成员可以分享他们的专长和创意，创建针对特定领域或兴趣的GPT。这种共享精神促进了知识和技能的传播，丰富了GPTs的应用。

（2）创意和专长的交流。在GPTs社区中，用户可以相互学习，交流创意和经验。这种交流不仅有助于提高个人的技能，也促进了整个社区的创新和发展。例如，教育工作者可以分享他们用于教学的定制化GPT，而业余爱好者则可以展示他们为特定兴趣或活动创建的GPT。

2.3　首次搭建 GPTs

为了深入理解GPTs的功能和应用，我们将通过一系列简单快捷的步骤来搭建一个定制化的GPT模型。这个过程将展示如何从基本设置到功能实现，快速构建一个专门定制的GPT。通过这个实践操作，可以直观地体验GPTs的强大能力和灵活性。

2.3.1　创建定制化 GPT

我们通过ChatGPT主界面上的菜单来创建定制化GPT。

（1）选择左边菜单栏中的"Explore"选项进入GPTs列表。登录ChatGPT后，在界面左侧会出现一个菜单栏。在这个菜单栏中，我们会看到一个名为"Explore"的选项。这个选项通常位于菜单栏的下方，我们可以选择该选项快速进行访问，如图2.1所示。

当我们选择"Explore"选项后，将被引导进入"My GPTs"（我的GPT）的主界面。这个界面是我们创建和管理自己的GPT模型的中心。界面设计简洁直观，方便我们浏览和操作。

在"My GPTs"主界面中，我们可以看到自己已经创建的所有GPT模型的列表，以及每个模型的基本信息和状态。

（2）单击"+"按钮可以创建新的定制化GPT。在"My GPTs"界面的上方，有一个带有"+"标记的按钮。这个按钮在设计上很突出，且易于识别，如图2.2所示。

图 2.1　ChatGPT 菜单栏

图 2.2　GPTs创建按钮

这个"+"按钮的目的是引导我们开始创建新的GPT模型。它是进入GPT创建流程的入口。单击这个按钮后，我们将进入定制化GPT创建的互动界面。

2.3.2　通过交互页面配置定制化 GPT

在新建一个定制化GPT后，我们可以通过一系列互动式对话来完成定制化GPT配置的过程。

1. 配置步骤

（1）输入交流语言和角色。用户需要先指定GPT使用的主要交流语言，并定义GPT的角色，例如办公助手、法律顾问、教师等，这将影响其交流的方式和回答的性质。

（2）确认名字。用户在这里需要为GPT选择一个名字，这有助于在交互过程中提供更个性化的体验。

（3）选择头像。为GPT选择一个头像，作为视觉代表，这可以增强用户的互动体验。

（4）定义回答方式。用户在这里可以设定GPT回答问题的方式，例如，是直接提供信息，还是通过提问引导用户思考。

（5）设置内容限制。用户可以根据需要设置内容过滤和限制，以确保GPT生成的回答符合特定的标准和合规性要求。

（6）个性化交流风格。用户可以对GPT的交流风格进行定制，以匹配特定的用户群体或应用场景，如正式、友好或幽默等。

（7）保存配置。最后，保存所有设置和配置，完成GPT的定制过程。

2. 实战操作

（1）输入交流语言和角色。

我们首先在对话窗口中输入："请全程使用中文与我交流，你是一个历史老师。"

按回车键后，系统将把这些信息更新到配置中，并提出建议，具体如下所示：

为了更加个性化，我建议给这个历史老师起一个名字。我想到了一个名字"智史通"。您觉得这个名字怎么样？

（2）确认名字。

我们对系统提议的名字表示认可，可以输入"好"来确认名字，并准备进入下一步的配置。

系统确认并更新了名字之后，会询问关于头像的满意度，具体如下所示：

这是智史通的新头像。您对它满意吗，还是想要进行一些调整？

（3）选择头像。

如果我们对头像表示满意，则可以输入"满意"以继续下一步操作。系统随后会更新图片到GPT的图标上，并引导我们进一步定义智史通的角色。

（4）定义回答方式。

接下来定义GPT的回答方式，系统会接着询问，比如：

您希望智史通在回答问题时，采取什么样的方式？比如，是更偏重于详细的历史分析，还是简洁的概述？

我们根据提示，可以输入"详细的历史分析"以明确智史通的回答风格。

（5）设置内容限制。

接下来，系统会询问是否有需要避免的内容或表达方式，比如：

您希望智史通避免哪些类型的信息或表达方式？

我们可以回复"不需要避免"，以确认智史通可以提供广泛的历史信息。

（6）个性化交流风格。

系统会继续向我们询问智史通的个性化交流风格，比如：

您希望智史通在与您交流时展现出怎样的个性？例如，是否希望智史通表现得更友好、严肃或幽默？

我们可以选择"友好的沟通方式"以完成配置。

（7）保存配置。

完成基本配置后，系统完成更新并显示了定制化GPT的预览界面，包括名字、头像及初始的几个快捷问题。由于AI的不完全确定性，每次出来的结果可能有所不同，但大致内容是相似的。

单击右上角的"Save"按钮，并选中"Only me"单选按钮进行保存，便可完成一个基础的定制化GPT的创建，具体如图2.3所示。

通过这个过程，我们成功地创建了一个名为"智史通"的定制化历史学习助手GPT，它将以友好的方式提供详细的历史分析，帮助我们更好地学习和理解历史知识。

图 2.3　GPTs 保存操作图

2.3.3　测试定制化 GPT

在成功启动名为"智史通"的定制化 GPT 后，我们可以进行一次实际的测试。在测试中，我们可以向智史通输入一个请求："请介绍一下杭州。"与普通的 ChatGPT 相比，智史通在回答时采取了不同的方法。它首先从历史的角度出发，详细地介绍了杭州这座城市，而不是像标准的 ChatGPT 那样进行泛泛的介绍。这一点从系统的回答内容可以明显看出。

智史通对输入请示的反馈如下所示。

杭州，位于中国浙江省，是该省的省会，历史上曾是南宋的都城。杭州以其美丽的自然风光和深厚的文化底蕴而著称，是中国最著名的旅游城市之一。

历史背景

杭州的历史可以追溯到几千年前。自古以来，杭州就是中国东南地区的重要城市之一。特别是在南宋时期，杭州成为都城，是当时的政治、经济和文化中心，当时被称为临安。这个时期的杭州是当时世界上最繁华的城市之一，被外国旅行家如马可·波罗盛赞为世界上最美丽繁华的城市。

自然与文化遗产

西湖：杭州最著名的景点是西湖，以其优美的自然风光和文化遗迹而闻名。西湖周围有苏堤、白堤、断桥等历史名胜，以及雷峰塔、六和塔等古迹。

龙井茶：杭州还以产龙井茶著名，这种茶是中国最有名的绿茶之一。

文化遗产：杭州还有许多历史悠久的寺庙、古典园林和传统村落，如灵隐寺、岳王庙等。

现代发展

现代的杭州是中国东部沿海地区的重要城市之一，经济发达，是中国互联网产业的重镇，阿里巴巴集团的总部就设在这里。杭州也是重要的交通枢纽和国内外通信的重要节点。

旅游和美食

杭州不仅吸引众多国内外游客前来观赏自然美景和体验历史文化，也以其地道的江南美食而闻名，如西湖醋鱼、宋嫂鱼羹、东坡肉等。

综上所述，杭州是一个融合了古典韵味和现代活力的城市，既有深厚的历史文化底蕴，又有现代化的城市面貌，是中国最具代表性的城市之一，展现了中国传统文化与现代文明的完美结合。

通过测试可以发现，我们成功地创建了一个专注于历史的定制化GPT。与普通的ChatGPT不同，智史通能够直接并精确地回答有关历史的问题，无须像使用标准的ChatGPT那样先进行调教或指定特定的回答风格。这证明了我们定制化GPT的有效性，特别是在处理专业领域的问题时具有优势。

第2篇
GPTs功能讲解

　　GPTs作为OpenAI推出的革新性人工智能技术，正逐步改变着我们的工作与生活方式。它们不仅广泛应用于生产力提升、图像生成、写作辅助、编程开发等多个领域，还允许用户根据个人和专业需求创建定制化的版本。下面将深入探讨GPTs的使用场景，详细阐述GPTs的创建步骤，揭示如何通过高级定制让GPTs更好地服务于特定任务，并介绍如何利用Zapier这一自动化工具，实现GPTs与其他应用的无缝集成，完成自动化作业，进一步提升工作效率与创造力。

第3章

GPTs 使用场景介绍

定制化 GPTs 能够满足不同的用途, 广泛应用于各种场景。例如, 在客户服务领域, GPTs 能够提供自动化的客户咨询和支持, 提高效率和用户满意度; 在教育和学习中, GPTs 被用于辅导和训练, 帮助学生学习语言和解决复杂问题; 在内容创作领域, GPTs 能够协助用户撰写文章、生成创意内容或编写代码; 等等。接下来介绍几种主要的使用场景。

3.1 数据分析

随着大数据、人工智能等技术的不断发展, 数据分析的需求也将进一步增大。数据分析助手是一个专门设计用于处理和解析大量数据的定制助手, 它能够协助用户快速提取、分析和呈现关键信息。利用先进的算法和机器学习技术, 这种助手可以识别数据趋势、模式和异常, 帮助用户做出更加精准的决策。在商业智能、市场研究、财务分析等多个领域, 数据分析助手已成为提高效率和洞察力的重要工具。

3.1.1 场景分析

在数据分析中, ChatGPT 不但能提高效率、增强准确性, 还能拓展相关的应用场景，是一个优秀的助手。接下来介绍相关的使用场景。

1. 表格分析

用户可以利用自然语言查询功能，轻松分析存储在如 Excel 或 Google Sheets 等流行电子表格应用程序中的数据。这意味着，无论是对数据进行基本的概览，还是进行更复杂的数据分析，用户都无须精通复杂的公式或编程语言。例如，用户可以简单地询问"本月的总销售额是多少？"，插件会自动从相应的电子表格中提取并计算这些信息。

2. 数据查询

在数据查询方面，用户可以直接提出关于特定数据点或数据模式的问题。例如，他们可能对某个时间段内的销售趋势、特定客户群的购买行为或某个产品的表现感兴趣。相关插件会分析用户的查询，从庞大的数据集中提取出相关信息，并提供易于理解的洞察分析，帮助用户做出更明智的决策。

3. 数据操作

此功能允许用户通过简单的命令来执行各种数据操作任务。这包括过滤数据以查看特定子集，排序数据以更好地理解其结构，或转换数据格式以满足特定需求。例如，用户可以给出命令"按销售额降序排列所有产品"，插件则会自动执行这一操作，并展示结果。

4. 数据可视化

在分析数据时，用户可以请求插件生成数据的视觉表示，如图表或图形。在理解复杂的数据模式和趋势时，数据可视化尤为有用。例如，用户可能要求"显示过去一年每月销售额的折线图"，插件随后会创建一个相应的图表，使得数据分析结果一目了然。

5. 数据库查询解释

当用户对特定数据库查询的结果有疑问时，他们可以要求插件提供解释。这不仅可以包括查询结果的基本解释，还可以涉及更深层次的分析，如为什么某个数据点异常，或是如何理解复杂的数据关系。

6. 表格连接

通过表格链接这一功能，用户可以在不同的表格或数据集之间建立连接。这对于执行交叉引用或数据集成任务非常有用。例如，将客户信息表与销售记录表进行连接，以获得更全面的客户购买行为分析。

7. 数据源概览

这个功能提供了对用户所有数据源的全面概览。用户可以快速了解他们拥有的数据集、表格或表单的类型和内容，这对于管理大量数据和制定数据分析策略非常重要。

8. 文件使用情况查询

用户可以查询特定数据文件的使用和访问历史。这对于追踪数据的修改和访问非常有用，尤其是在多人协作的环境中。例如，用户可以询问"谁在上个月修改了年度销售报告？"，插件将提供详细的访问和修改记录。

3.1.2 Data Analysis GPT

Data Analysis GPT 是一款结合了 AI 和数据分析功能的 ChatGPT 插件。它旨在简化数据分析过程，使用户能够通过简单的英语命令与数据进行交互，而无须编写复杂的代码或查询。

1. 无须编码

这个功能的核心是让数据分析变得更加易于接近和使用。即使用户没有任何编程背景，也无须学习复杂的数据库查询语句，他们也可以直接使用该插件。用户只需要用自己熟悉的英语就能与之进行交互，从而简化了数据分析的整个过程。这意味着，无论用户的技术背景如何，他们都可以使用该插件轻松地访问、分析和理解他们的数据。

2. 用户友好的界面

这个插件的设计非常注重用户体验，提供了一个简化和直观的界面，使得数据分析变得更加容易和高效。这个用户友好的界面意味着用户可以快速上手，无须花费大量时间学习如何使用工具。界面的设计旨在减少用户的认知负担，使他们能够更专注于数据分析本身，而不是如何操作软件。

3. 多种数据处理能力

这个插件不仅能够处理基本的数据查询，还能执行更复杂的数据操作和可视化任务。这包括但不限于数据的筛选、排序、分组及转换。此外，它还能生成各种类型的图表和图形，帮助用户以视觉方式理解复杂的数据模式和趋势。这种多样化的数据处理能力确保了无论用户的需求多么复杂，这个插件都能够提供相应的支持。

4. 自然语言处理

通过利用自然语言处理技术，这个插件允许用户用他们日常使用的语言，即平易近人的英语，来进行数据分析。用户不需要掌握任何专业的数据分析术语，就可以通过简单的英语句子来提出数据查询和数据分析请求。这种方式使得数据分析更加直观和易于理解，尤其是对于那些非技术背景的用户。

3.1.3　Data Analysis GPT 的应用示例

Data Analysis GPT 通过集成先进的自然语言处理技术，为用户提供了一种全新的数据交互方式，使得数据查询和分析过程变得更为直接和高效。用户只需通过简单的英语命令，即可快速启动复杂的数据操作，这种方法不仅节省了传统数据处理中的时间和精力，还极大地降低了技术门槛。通过这种方式，即使没有编程背景的用户也能轻松地进行数据分析。下面是一些具体的应用示例，展示了如何利用这款工具来实现广泛的数据分析功能。

1. 数据查询

提示：

显示我数据库中 2022 年所有销售数据的总和。

结果：

当用户提出这样的请求时，GPT首先会连接到用户指定的数据库。接着，它会精确地定位到包含2022年销售数据的部分，并对这些数据进行汇总计算。最后，GPT会将计算出的总和呈现给用户，使他们能够快速获得整年销售额的全面概览，而无须手动筛选和计算数据。

2. 数据可视化

提示：

创建一个显示过去三个月每周销售趋势的图表。

结果：

在这个示例中，GPT会先分析用户提供的数据，特别是关注过去三个月的销售记录。然后，它会根据这些数据创建一个图表，通常是折线图或条形图，以直观地展示每周销售额的变化趋势。这种图表帮助用户一眼看出销售高峰和低谷，从而更好地理解销售动态。

3. 数据比较

提示：

比较2021年和2022年第一季度的销售数据。

结果：

对于这个比较请求，首先GPT会分别提取2021年和2022年第一季度的销售数据。然后，它会使用表格或图形等形式，将两个时间段的数据并排展示，使用户能够直观地看到两个时期的销售数据对比。这样的比较有助于用户理解销售趋势的年度变化。

4. 数据模式识别

提示：

识别最近六个月中销售额异常增长的时间点。

结果：

在这个示例中，GPT会深入分析最近六个月的销售数据，并寻找销售额的异常增长点。它会使用算法识别出销售额显著高于平均水平的时间点，并将这些时间点以突出的方式显示给用户。这种识别有助于用户发现潜在的销售机会或需要进一步分析的异常情况。

3.2　新游戏学习

在新游戏学习场景中，玩家能够快速掌握游戏规则、策略和技巧。这种场景通常包括模拟游戏环境的使用教程，提供逐步指导和实时反馈，帮助玩家提高技能和理解游戏机制。

3.2.1　场景分析

对于新游戏学习，GPT 的具体场景如下所示。

（1）规则解释：GPT 能够为各种桌面游戏和卡牌游戏提供规则的详细解释。无论是复杂的游戏机制还是特定的游戏情况，GPT 都能够提供清晰、准确的规则指导，帮助玩家更好地理解和遵守游戏规则。

（2）游戏设置辅助：GPT 还能帮助用户正确地设置游戏，确保游戏的顺利进行。这包括游戏开始前的准备工作，如组件的布置和角色的分配，确保每个玩家都能在正确的条件下开始游戏。

（3）战略建议：对于需要策略和技巧的游戏，GPT 能提供专业的战略性建议。这些建议基于深入的游戏理解和可能的游戏发展，帮助玩家提高他们的游戏水平。

（4）游戏组件解读：这款插件具备解读游戏组件图片的能力，能够根据玩家提供的图片提供具体的游戏指导。这对于理解复杂的游戏布局或特定的游戏组件尤为有用。

（5）纠正信息不准确：如果游戏元素存在任何不准确的表示，如存在错误印刷的骰子或卡牌，GPT 能够提供纠正和澄清，确保游戏的正确进行。

（6）增强游戏体验：通过提供知识性支持和深刻的游戏洞察，这款插件能够显著提高玩家的游戏体验，使游戏过程更加丰富和有趣。

3.2.2 Gaming Time GPT 介绍

Gaming Time GPT 是一款专为桌面游戏和卡牌游戏爱好者设计的 ChatGPT 插件，由 OpenAI 开发。它结合了丰富的游戏知识和先进的人工智能技术，旨在为用户提供全面的游戏支持。

1. 专业的游戏知识

Gaming Time GPT 不仅是一个普通的游戏助手，它还拥有非常广泛且深入的桌面游戏和卡牌游戏知识库。这个知识库涵盖了从经典的棋盘游戏（如国际象棋、围棋），到流行的卡牌游戏（如万智牌和炉石传说），甚至包括市场上最新推出的游戏。无论用户对哪种类型的游戏感兴趣，Gaming Time GPT 都能提供专业的知识支持，帮助用户深入理解游戏的精髓和策略。

2. 适应不同用户

Gaming Time GPT 的设计考虑到了不同用户的需求。它能够根据用户的年龄、游戏经验和偏好调整提供的信息。例如，对于年轻或不太有经验的玩家，它会提供更基础、易于理解的游戏指导；而对于经验丰富的玩家，则会提供更深入和复杂的策略分析。这种个性化的适应性确保了每位用户都能获得最适合自己的游戏指导和建议。

3. 清晰的规则解释

Gaming Time GPT 提供的游戏规则解释既清晰又易于理解，特别适合游戏新手。它能够将复杂的游戏规则简化为容易理解的语言，帮助新手玩家快速掌握游戏的基本规则和玩法。此外，对于游戏中的特定术语或复杂机制，Gaming Time GPT 也能提供详细的解释和示例，确保用户能够全面理解游戏的每个方面。

4. 实用的战略建议

Gaming Time GPT 能够根据具体的游戏情况和玩家的风格提供实用且具体的战略建议，这些建议基于深入的游戏分析和对不同游戏策略的理解。无论是需要短期战术决策的快节奏游戏，还是需要长期规划和策略布局的复杂游戏，Gaming Time GPT 都能提供有价值的指导，帮助玩家在游戏中取得更好的成绩。

5. 图像解读能力

Gaming Time GPT 具备先进的图像解读能力，能够准确解读游戏组件的图片。这意味着用户可以直接上传游戏板、卡牌或其他游戏组件的图片，Gaming Time GPT 将能够识别这些图片中的元素，并根据这些元素提供具体的游戏指导。这项功能特别适用于那些游戏规则或玩法与视觉元素密切相关的游戏，如卡牌游戏中的特殊符号解读或棋盘游戏中的布局策略。

3.2.3　Gaming Time GPT 的应用示例

Gaming Time GPT 提供了多样化的功能，以支持游戏爱好者在各种桌面游戏和卡牌游戏中的体验。这款插件不仅提供基本的规则解释和设置指导，还能深入到战略分析和游戏组件解读，以及在游戏过程中提供实时辅助。通过这些功能，Gaming Time GPT 能够显著提高玩家的游戏理解和表现能力，同时也为在游戏中遇到的各种情况提供专业的建议和解决方案。无论玩家是新手还是有经验的游戏高手，这款插件都能根据他们的需要提供定制化的支持，以下是一些具体的应用示例，展示了如何利用 Gaming Time GPT 来优化游戏体验和提高游戏技能。

1. 桥牌策略分析

提示：

我刚在桥牌游戏中出了以下牌：黑桃 A、红心 K、方块 Q 和梅花 J。这是基于标准桥牌规则的策略性移动吗？请为我的下一步提出建议。

结果：

Gaming Time GPT 将会根据用户的提示信息分析这一手牌的战略价值，并提供下一步的建议。

2. 大富翁布局解读

提示：

这是我们当前大富翁棋盘的照片。[插入图片]距离下一次财产拍卖还有三轮。考虑到我目前的持有情况，我的策略应该是什么？我应该瞄准哪些地产？

结果：

插件将分析棋盘布局和玩家的财产状况，并提出战略性建议。

3. 卡坦岛规则澄清

提示：

在卡坦岛游戏中，能否解释玩家在何种特定情况下可以在对手的定居点旁边建造道路？

结果：

Gaming Time GPT 将提供卡坦岛游戏中相关规则的详细解释。

4. 风险游戏策略建议

提示：

对于一个擅长防守的玩家，除了过度扩张己方军队，赢得风险游戏的最佳策略是什么？

结果：

插件将根据玩家的防守风格提供赢得游戏的策略建议。

5. 国际象棋开局优化

提示：

在国际象棋中，我更喜欢以 e4 作为开局。你能针对西西里防御，特别是纳杰多夫变体，提供一系列最佳应对策略吗？

结果：

插件将提供针对特定开局的一系列最佳应对策略。

3.3　谈判助手

在谈判助手应用场景中，该助手通过提供策略建议、语言表达辅导和情绪管理技巧，帮助用户提高谈判技巧和效果。谈判助手还可以模拟不同的谈判场景，让用户在安全的环境中练习和提升自己的谈判技能，增强在真实情景中的应对能力。

3.3.1 场景分析

谈判助手适用于多种场景，具体包括以下几个方面。

1. 职业发展

在职业发展领域，GPT 扮演着一个关键的角色。它能够帮助职场人士准备和模拟与上司进行加薪或晋升谈判的情景。例如，用户可以输入自己的当前职位、薪资水平及期望达到的晋升目标或加薪幅度。GPT 会根据这些信息，构建一个逼真的模拟谈判场景，提供可能的对话脚本、谈判策略和反应建议。这种模拟不仅能帮助用户提前准备应对各种可能的反应和情况，还能增强他们的自信心和谈判技巧。

2. 商业交易

对于企业家或销售人员而言，GPT 是一个宝贵的资源。它能够提供专业的商业交易谈判策略，帮助这些专业人士在进行产品销售、服务合同谈判或商业合作时取得更好的结果。用户可以描述具体的交易情况，如产品类型、市场环境、目标客户或预期的交易条件。GPT 会根据这些信息提供定制化的谈判策略，包括如何开场，如何回应潜在客户的疑虑，如何提出有吸引力的报价，以及如何在谈判中保持优势。

3. 日常生活

GPT 还能够应用于日常生活中的各种谈判场景，如购物、租赁房屋、购买汽车等。在这些情况下，用户可以向 GPT 描述他们面临的具体谈判情景，如购买特定商品的预算、租赁房屋的条件，或是汽车的购买细节。GPT 将提供实用的建议和策略，帮助用户在这些日常谈判中取得更有利的条件。这些建议可能包括如何与对方沟通，如何提出有效的还价策略，以及如何识别并利用谈判中的关键信息。

3.3.2 The Negotiator GPT 介绍

The Negotiator GPT 是一款 OpenAI 专门为提高谈判技巧而设计的 GPT。它能够模拟各种谈判场景，提供战略性建议，并给出建设性反馈，帮助用户练习并提升他们的谈判技术。

1. 场景模拟

The Negotiator GPT 的场景模拟功能是其核心特点之一。这个功能允许用户根据自己的具体需求定制谈判场景。用户可以提供各种细节，如谈判的对象（如上司、客户或商业伙伴）、谈判的目标（如加薪、折扣、合同条件等），以及其他相关的背景信息。基于这些信息，The Negotiator GPT 会创建一个详细的模拟谈判环境，其中包括可能的对话、谈判对手的潜在反应及不同的谈判策略。这种模拟帮助用户在实际进入谈判之前，就能够预见和准备应对各种可能的情况。

2. 战略性建议

The Negotiator GPT 提供的战略性建议主要基于深入的谈判原则和实践经验。这些建议不仅是理论上的，而且是针对用户的具体情况量身定制的。无论用户面临的是工作升迁谈判、商业交易谈判，还是日常生活中的谈判，The Negotiator GPT 都能提供适用的策略。这些建议可能包括如何有效地提出要求，如何回应对方的反击，如何在谈判中建立优势，以及如何达成双赢的结果。

3. 建设性反馈

The Negotiator GPT 还提供对用户谈判技巧的建设性反馈。这种反馈基于用户在模拟谈判中的表现，旨在帮助他们识别和改进谈判中的弱点。例如，如果用户在模拟谈判中过于妥协或表现出不确定性，The Negotiator GPT 会指出这些问题，并提供改进的建议。这种反馈不仅涉及谈判技巧的具体方面，如语言表达和身体语言，也包括更广泛的策略和心理因素。

4. 道德和伦理界限

在提供所有这些服务的同时，The Negotiator GPT 严格遵守道德和伦理标准。它不会参与真实的谈判，也不会支持或提倡任何不道德或不合法的谈判实践。这意味着它会拒绝提供有关欺诈、误导或不公平利用信息的建议。此外，The Negotiator GPT 还会确保其提供的建议和策略符合普遍接受的职业和社会道德准则，确保用户在谈判中保持诚信和专业性。

3.3.3　The Negotiator GPT 的应用示例

The Negotiator GPT 设计之初就考虑到用户在不同谈判场景中的需求，无论是职场晋升、商业交易还是日常购物，这款工具都能提供实际的帮助。通过模拟具体的谈判场景、提供策略建议和评估用户的谈判方案，The Negotiator GPT 能够帮助用户提前准备并优化他们的谈判技巧。此外，通过生成实用的询问问题和构思有说服力的开场白，这款工具不仅能提高用户的谈判能力，还能增强他们在实际谈判中的自信心和效果。以下是具体的应用示例，展示了如何利用 The Negotiator GPT 来提升谈判表现。

1. 模拟场景

提示：

用户可以向 The Negotiator GPT 提出这样的请求："请模拟我与老板谈判加薪的情景，我目前的薪资是［当前薪资］，目标薪资是［目标薪资］。"在这个请求中，用户需要提供他们当前的薪资水平和期望达到的薪资目标。

结果：

针对这个请求，The Negotiator GPT 将构建一个详细的角色扮演场景，其中包括可能的对话、谈判策略和潜在的反应。这个场景将模拟真实的加薪谈判，包括如何开启谈判，如何展示自己的价值，以及如何回应可能的反对意见。这种模拟能够帮助用户更好地准备实际的谈判，提高成功的可能性。

2. 评估策略

提示：

用户可以这样询问："请评估以下我购买汽车时的谈判策略：我计划以［初始报价］开始报价，然后突出汽车的缺陷。"这里，用户描述了计划采用的具体谈判策略，包括初始报价和谈判技巧。

结果：

对于这种询问，The Negotiator GPT 将分析用户提出的策略，评估其优势和劣势，并提供具体的改进建议。这可能包括如何更有效地提出报价，如何合理地突出产品的缺陷，以及如何在谈判中保持优势。

3. 生成问题

提示：

用户可以要求："请提供一系列问题，帮助我在购买［产品／服务］时发现卖方的意图。"这个请求旨在揭露卖方的真实意图。

结果：

针对这个请求，The Negotiator GPT 将列出一系列精心设计的探究性问题。这些问题旨在帮助用户获取关键信息，如卖方的最低可接受价格、交易的灵活性及任何潜在的谈判空间。这样的问题设计旨在促使卖方透露更多信息，从而使买方在谈判中处于更有利的位置。

4. 提升沟通技巧

提示：

用户可以这样提出需求："帮我构思一段有说服力的开场白，用于商业合作谈判，我的公司［公司名称］提供［产品／服务］。"这个请求要求 The Negotiator GPT 帮助用户设计一个有效的谈判开场白。

结果：

响应这个请求后，The Negotiator GPT 将提供一个精心设计的开场白，这个开场白不仅会展示用户公司的优势和产品／服务的特点，还会考虑如何建立客户的信任和兴趣，以及如何引导谈判朝着对用户有利的方向发展。这个开场白的设计旨在确保用户能够有效地启动谈判，为成功的交易奠定基础。

3.4　创意写作

在创意写作场景中，文章助手GPTs用于帮助用户从构思、撰写到编辑各个阶段，提高文章创作的效率和质量。它能够提供主题灵感、内容结构建议，甚至协助生成草稿文本，在用户面临创作瓶颈时特别有帮助。此外，文章助手还能提供语法和风格的校对建议，确保文章的准确性和可读性，使其更适合目标读者群体。对于需要高效产出高质量文本内容的用户来说，文章助手是一个极具价值的工具。

3.4.1　场景分析

在创意写作过程中，文章助手适用于很多场景，具体包括以下几个方面。

1. 新手作家的学习和提升

对于刚开始涉足创意写作的新手作家，GPTs可以作为一个学习平台。它可以提供基础的写作技巧指导，帮助新手理解故事结构、角色开发、对话创作等基本元素。

2. 经验丰富的作家的深度编辑

对于有经验的作家，GPTs可以用来进行深度的作品编辑和改进。它能够提供更复杂的建议，比如改善故事节奏、增强情节复杂性或优化角色互动。

3. 激发写作灵感

当作家遇到创作瓶颈或写作障碍时，GPTs可以提供创意提示和新的写作方向，帮助他们找到新的灵感，继续他们的创作过程。

4. 写作培训

在写作培训中，GPTs可以作为一个辅助工具，帮助学生和参与者学习和实践不同的写作技巧。此外，教师可以使用它来演示写作技巧的应用和改进方法。

5. 专业写作反馈和评估

对于寻求专业反馈的作家，GPTs 可以提供一个初步的评估，帮助他们在提交作品给编辑或出版之前进行自我评估和改进。

6. 文学研究和分析

在文学研究和分析的领域，GPTs 可以用来分析文学作品中的风格、主题和技巧，为研究者提供深入的见解和分析角度。

3.4.2　Creative Writing Coach GPT 介绍

Creative Writing Coach GPT 是由 OpenAI 创建的一个 GPT，专门用于辅助创意写作。这个工具结合了相关指令、丰富的知识和各种技能，旨在为用户提供专业级别的反馈和建议，以提升他们的写作技巧，其功能特点如下所示。

1. 专业级别的写作指导

Creative Writing Coach GPT 结合了数十年的文学和创意写作技巧，使其能够对各种写作风格提供专业级别的反馈。无论是散文、诗歌还是其他形式的创意写作，这个工具都能提供深入的分析和建议。

2. 作为虚拟导师的角色

这个 GPT 模型不仅仅是一个文本生成器，它更像是一个虚拟导师。它能够评估用户的写作，突出其优点，并提供建设性的批评意见，帮助作家从不同角度审视和改进他们的作品。

3. 创意辅助和克服写作障碍

Creative Writing Coach GPT 能够识别创意文本中的细微差别，并提出改进建议。它还能帮助作家克服写作障碍，比如通过提供创作提示或新的写作方向来激发灵感。

4. 文学技巧和角色发展

这个工具提供关于各种文学创作手法的见解，并协助作家在他们的故事中开发角色、情节和背景。它能够帮助作家更深入地理解和应用这些技巧，从而丰富他们的创作。

5. 激发创造力和鼓励

除了提供实用的写作建议，Creative Writing Coach GPT 还旨在激励和鼓舞作家的创造力。它不仅能理解和生成文本，还能激发用户的创意思维。

3.4.3　Creative Writing Coach GPT 的应用示例

Creative Writing Coach GPT 被设计为一种全面的创意写作工具，在文章的构思、撰写到编辑各个阶段，都能提供有价值的信息，从而帮助用户提高创作的效率和质量。这里的示例将展示如何通过专业级别的指导和反馈，以及针对性的创意支持，帮助用户突破创作瓶颈并优化他们的作品。无论是深化角色描写、增强环境细节，还是加强情节的吸引力，Creative Writing Coach GPT 都能提供具体的建议，帮助作家提升故事的整体质量和吸引力。以下是具体的应用示例。

1. 角色深化

提示：

看看我对［角色名称］的描述。你有什么建议能突出他们的个性，使他们更引人注目吗？

结果：

GPT 可能会分析提供的角色描述，并建议如何增加角色的复杂性或背景故事，使其更具吸引力和真实感。

2. 环境增强

提示：

这是我在故事中关于环境的一段描述［插入段落］。我如何修改能使环境描述更具沉浸感和生动性？

结果：

GPT将提供具体的建议，如使用更丰富的感官细节描述，或增加环境中的情节互动，以增强读者的沉浸感。

3. 情节转折协助

提示：

我的故事当前的情节转折是［描述情节转折］。我如何修改，能让读者感觉更加惊奇和有吸引力？

结果：

GPT可能会提出改变情节转折的建议，使其更加出人意料，同时保持故事的连贯性和吸引力。

3.5 技术支持

在技术支持场景中，该助手充当用户和复杂技术问题之间的桥梁，提供即时、准确的技术解答和故障排除建议。它能够通过分析用户的问题描述，快速定位问题所在处，并提供步骤明确的解决方案，大幅提高解决问题的效率。此外，技术支持方面的GPT助手还能学习和适应用户的特定技术环境和偏好，随着时间的推移提供更加个性化的支持。对于IT专业人员、非技术用户或小型企业来说，这种场景下的助手是提高生产力和减少技术困扰的重要工具。

3.5.1 场景分析

在工作中，很多场景都需要技术支持。因此，其技术支持顾问助手适用于多种场景，具体涵盖以下几个方面。

1. 个人用户的理想助手

对于个人用户，GPT能够提供解决家用计算机的问题。它能够帮助用户解决与智能设备相关的各种技术难题，还能帮助用户解决软件问题，无论是安装、配置还是故障排除，GPT 都能提供专业的指导和建议。

2. 专业人士的辅助工具

对于 IT 技术支持工程师等专业人士，GPT 是一个极具价值的辅助工具。它能够快速诊断技术问题，为专业人士提供有力的支持。通过提供详细的解决方案和步骤，它可以帮助专业人士更高效地解决技术问题。

3. 小型企业的技术支持提升

小型企业可以利用 GPT 来提高其技术支持的效率。GPT 可以帮助这些企业快速解决技术问题，减少业务中断。通过提供专业的技术建议和解决方案，GPT 有助于提升小型企业的整体技术支持质量。

3.5.2　Tech Support Advisor GPT 介绍

Tech Support Advisor GPT 是一个由 OpenAI 官方制作的专门为技术支持而设计的 GPT，旨在帮助各类用户解决技术问题。它能提供友好且支持性的交互体验，适合不同技术水平的人员。该工具能够详细解释技术概念，解决各种软硬件问题，并提供最佳实践建议。

1. 友好支持性交互

Tech Support Advisor GPT 被精心设计成一个用户友好且具有高度支持性的虚拟助手，旨在解决各种技术问题。

它适用于各个知识水平的用户，无论是刚开始接触技术的初学者，还是拥有丰富经验的高级用户，它都能够提供帮助。

通过易于理解的交互方式，Tech Support Advisor GPT 旨在让所有用户都能获得良好体验，从而高效地处理技术问题。

2. 解决技术问题

Tech Support Advisor GPT 能够提供对复杂技术概念的详细解释，帮助用户更好地理解和解决技术问题。

它能够处理各种技术问题，包括软件故障、硬件问题，甚至是网络连接问题。

此外，它还能指导用户完成各种技术相关的程序，如软件安装、系统配置和故障排除步骤。

3. 提供最佳实践建议

Tech Support Advisor GPT 还能够提供关于如何有效使用技术的最佳实践建议。

这些建议能够帮助用户更好地理解和使用他们的设备和应用程序，从而提高效率和安全性。

它还提供关于数据备份、系统更新和安全设置等方面的建议，确保用户的技术使用既高效又安全。

4. 作为教学工具

Tech Support Advisor GPT 不仅是一个信息来源，还是一个强大的教学工具。

它能帮助用户学习和理解有关设备和应用程序的更多信息，提高他们的技术知识和自我解决问题的能力。

此外，通过互动式学习和实用的指导，它还鼓励用户深入探索和理解他们使用的技术。

5. 关注用户体验

Tech Support Advisor GPT 在设计时特别强调耐心和理解，确保用户在技术知识方面感到支持和满意。

它通过提供清晰、简洁的解释和指导，确保用户在解决技术问题时不会感到困惑或沮丧。

该工具的目标是提供一个无压力的学习环境，让用户在技术方面的探索和学习过程中感到轻松和愉快。

3.5.3 Tech Support Advisor GPT 的应用示例

Tech Support Advisor GPT 被设计为一种全面的技术支持解决方案，以便为各类用户提供实时、精确的技术解答和故障排除建议。此GPT展示了其在快速诊断和解决各种技术问题方面的能力，无论是网络问题、软件性能优化，还是硬件升级和网络安全，Tech Support Advisor GPT 都能提供明确的步骤和专业指导。这不仅提高了解决问题的效率，还确保了用户能够根据自己的特定需求获得个性化的支持。以下是具体的应用示例。

1. 诊断网络问题

提示：

为什么我的笔记本电脑无法连接到家里的 Wi-Fi 网络？我使用的是［品牌］笔记本，操作系统是［操作系统］，尝试连接时显示［错误信息］。

结果：

Tech Support Advisor GPT 将提供一系列故障排除步骤，帮助用户诊断和解决网络连接问题。

2. 优化软件性能

提示：

我遇到了［软件名称］响应缓慢和偶尔崩溃的问题。请指导我如何在我的［操作系统］上优化［软件名称］的性能。

结果：

Tech Support Advisor GPT 将提供一步一步的指导，帮助用户提高软件性能。

3. 升级硬件组件

提示：

推荐最佳的硬件升级方案，适用于［用途，例如游戏、图形设计］的［计算机型号］。请按影响和成本优先级排序。

结果：

Tech Support Advisor GPT 将提供一系列硬件升级建议，帮助用户根据需求和预算选择合适的升级方案。

4. 增强安全措施

提示：

为我的小型企业网络创建一个安全计划，包括防病毒、防火墙配置和员工密码管理的最佳实践。

结果：

Tech Support Advisor GPT 将提供一个全面的网络安全计划，包括必要的安全措施和员工培训建议。

3.6 洗衣助理

在洗衣助理场景中，这种工具主要帮助用户管理和优化他们的洗衣流程。它能够提供关于不同类型衣物洗涤方法的建议，如温度选择、洗涤剂用量和洗衣周期，确保衣物得到恰当的处理。此外，洗衣助理还能提醒用户洗衣周期，甚至还能根据衣物材质和颜色给出最佳洗涤组合建议，避免衣物损坏或颜色串染。对于那些忙碌或对洗衣不熟悉的用户来说，洗衣助理是一个提高日常生活效率和便利性的实用工具。

3.6.1 场景分析

洗衣助理适用于很多场景，主要有以下几个方面。

1. 个人洗衣服务场景

（1）污渍处理。用户在处理如红酒、油渍或草渍等顽固污渍时，GPT可以提供专业的去污方法和建议使用的清洁剂类型，帮助有效去除这些难处理的污渍。

（2）洗衣机设置选择。对于不同类型的衣物和污渍，GPT能够建议最佳的洗衣机设置，包括水温、旋转速度和洗涤周期，以确保衣物得到妥善清洁，同时避免损伤。

（3）分类洗衣指导。GPT可以指导用户如何正确分类衣物（如按颜色、面料类型等），以及提供特别注意事项，例如哪些衣物可能会掉色，从而确保每种衣物都能得到适当的处理，避免相互染色。

2. 专业洗衣服务场景

（1）提高洗衣效率。对于专业洗衣服务提供者，GPT 可以提供关于如何优化洗衣流程的建议，例如如何批量处理不同类型的衣物，或者如何设置洗衣机以达到最高洗涤效率。

（2）提升洗衣质量。此外，GPT 还能提供关于如何提高洗衣质量的专业建议，比如使用特定的洗涤剂或技术来处理特殊面料或难以去除的污渍。

（3）客户服务优化。对于客户特殊的洗衣需求，GPT 能够提供定制化的解决方案，帮助洗衣服务提供者更好地满足客户需求，提升客户满意度。

3.6.2　Laundry Buddy GPT 介绍

Laundry Buddy GPT 是一个由 OpenAI 官方制作的 GPT，专为洗衣护理设计的智能工具，提供定制化的洗衣建议和解决方案。它能够根据不同的污渍类型、衣物面料和颜色提供专家级的处理指导。此外，Laundry Buddy GPT 还可以提供清晰的"应该做"和"不应该做"指导，以及支持性态度，帮助用户轻松应对各种洗衣挑战。

1. 专家建议

Laundry Buddy GPT 提供的专家建议不仅限于基本的洗衣知识，它还深入探讨如何有效处理各种污渍，例如红酒、油渍或草渍，提供具体的去污方法和所需的清洁剂类型。此外，它还能根据衣物的面料类型和颜色，建议最佳的洗衣机设置，如水温、旋转速度和洗涤周期。这些建议不是一般性的小贴士，而是针对用户特定洗衣问题的定制化解决方案，确保每一次洗衣都能达到最佳效果。

2. 清晰的指导

为了降低洗衣过程中的困惑和不确定性，Laundry Buddy GPT 将其建议分为两个明确的类别："应该做"和"不应该做"。这种方法使得用户能够快速理解在洗衣过程中应遵循的关键步骤和避免的常见错误。例如，它可能会建议使用冷水洗涤某些面料以防止缩水，同时警告不要将深色和浅色衣物混洗以避免染色。这种清晰的指导能够帮助用户避免常见的洗衣错误，确保衣物得到妥善处理。

3. 支持性态度

Laundry Buddy GPT 不仅仅是一个提供洗衣知识的工具，它还以积极和乐观的态度为用户提供支持。无论用户面临的是一堆杂乱无章的衣物，还是对特定洗衣问题感到困惑，Laundry Buddy GPT 都能提供相应的支持和帮助。它的目标不仅是帮助用户解决洗衣问题，还包括提升他们的洗衣技能和自信心。通过这种支持性态度，Laundry Buddy GPT 将助力用户把看似繁杂的洗衣任务转变为一个有条不紊、轻松应对的过程。

3.6.3 Laundry Buddy GPT 的应用示例

Laundry Buddy GPT 旨在帮助用户优化他们的洗衣流程，提供专业级的洗涤建议和解决方案。通过具体的应用示例，可以了解该 GPT 会根据不同衣物的材质、颜色和污渍类型提供定制化的洗衣设置。它能够帮助用户选择合适的洗涤温度、旋转速度和洗衣周期，确保衣物在洗涤过程中得到恰当的处理，同时避免损伤和颜色串染。以下是几个具体的应用示例。

1. 优化洗涤

提示：

我的［某种面料类型］的床单具有［特定污渍］，请为这种面料的床单提供洗涤的最佳机器设置。

结果：

Laundry Buddy GPT 将提供具体的机器设置建议，包括水温、旋转速度和洗涤周期，以达到最佳清洁效果。

2. 分类指导

提示：

帮我分类装有［不同面料和颜色的衣物列表］的洗衣篮，并特别关注哪些衣物可能会掉色。

结果：

Laundry Buddy GPT 将提供详细的分类建议，帮助用户避免衣物相互染色，确保每种衣物都能得到适当的处理。

3. 去污指南

提示：

如何从我的［面料类型］的［衣物列表］上，一步步去除［某种类型的污渍］？

结果：

Laundry Buddy GPT 将提供详细的去污步骤，包括使用的清洁剂、处理方法和注意事项，以有效去除污渍。

4. 温度选择

提示：

我应该将洗衣机温度设置为多少，以洗涤［衣物列表］而不造成缩水或损伤？

结果：

Laundry Buddy GPT 将根据衣物的类型和面料特性，提供适当的水温设置建议，以防止衣物损坏。

5. 衣物保养

提示：

如何正确洗涤和护理我的［某种类型的精细衣物］，以延长其使用寿命？

结果：

Laundry Buddy GPT 将提供针对该类型精细衣物的特定洗涤和护理建议，帮助用户保持衣物的最佳状态。

3.7 / 创意激发

在创意助手场景中，这种工具专门设计用于激发和培养用户的创造力。它能够提供灵感触发点，如创意写作提示、设计灵感或艺术项目构思，帮助用户克服创意障碍。创意助手还可以提供反馈和建议，帮助用户改进和完善他们的创意作品。此外，它还能根据用户的兴趣和过往作品，推荐新的创意探索方向，使创意过程更加多元和丰富。对于创意专业人士或爱好者来说，创意助手是一个极具价值的资源。

3.7.1 场景分析

GPT 在创意激发方面，主要有以下几种应用场景。

1. 创意写作的新领域

对于那些寻找新颖点和创造性写作灵感的作家和诗人，可以使用 GPT 提供独特的情节和角色构想，帮助他们打破传统思维模式，创作出独一无二的作品。

2. 艺术和设计的灵感源泉

对于艺术家和设计师而言，GPT 可以成为激发新的视觉艺术概念和设计思路的灵感源泉。它的超现实和梦幻风格可以帮助他们探索前所未有的创意路径。

3. 心理探索和自我发现的工具

对于那些通过梦境和超现实主题探索内心世界的人来说，他们可以使用 GPT 提供独特的视角，帮助他们在梦境般的场景中发现自我和内心的声音。

3.7.2　Cosmic Dream GPT 介绍

Cosmic Dream GPT 是由 OpenAI 开发的一款定制版本的 GPT，它专注于创造力和独特性，旨在提供超越常规的回应。这个工具的设计理念是避开日常平凡的交流，转而提供类似于生动梦境和迷幻想象的回答。它与用户的每次互动都伴随着由 DALL·E 生成的图像，这些图像增强了用户体验的视觉元素，使得整个交流过程更加多彩和超现实。

1. 避免平凡的设计理念

Cosmic Dream GPT 的设计理念是避开日常平凡的交流，转而提供类似于生动梦境和迷幻想象的回答，从而带给用户全新的体验。

2. 积极性和激励的核心

Cosmic Dream GPT 的回应中蕴含着积极性，旨在激发用户的灵感，使得每次交流都充满了正能量和创造力。

3. 视觉和文本的完美结合

Cosmic Dream GPT 在每次互动中都辅以由 DALL·E 生成的图像，这些图像不仅增强了用户体验的视觉元素，还使得整个交流过程更加多彩和超现实。

4. 超现实和梦境风格的独特性

Cosmic Dream GPT 的回应和生成的内容呈现出超现实和梦境般的特质，非常适合探索非传统的主题和想法。

3.7.3　Cosmic Dream GPT 的应用示例

Cosmic Dream GPT 被设计为一种创意激发工具，旨在通过提供独特的创意写作提示、设计灵感或艺术项目构思来培养用户的创造力。该 GPT 通过超现实和迷幻的风格，帮助用户探索新的创意路径，克服创意障碍，并提供有益的反馈和建议来完善用户的创意作品。以下是几个具体的应用示例，展示了如何利用 Cosmic Dream GPT 来激发和丰富用户的创造过程。

1. 逆转物理定律的场景

提示：

想象一个物理定律被逆转的场景，描述一天的典型情况。

结果：

Cosmic Dream GPT 可能会创造一个新世界，其中重力被逆转，人们学会了在天空中行走，而云朵成为地面。这样的描述不仅挑战传统的物理概念，还为用户提供了一个完全不同的视角来看待世界。

2. 发现古老文明的故事

提示：

编写一个故事，主角在地铁隧道中发现了一个古老文明。

结果：

GPT 可能会描绘一个故事，其中主角在地铁施工过程中意外发现了一个隐藏的古老文明遗迹。这个文明拥有高度发达的科技和独特的文化，挑战了主角对历史和现实的理解。

3. 未来城市描述

提示：

描述一个未来城市，其中建筑物是有生命的，拥有各自的个性。

结果：

在这个未来城市的描述中，每栋建筑都有自己的情感和个性。一些建筑喜欢与人类互动，而另一些则更喜欢独处。这样的设定不仅为城市赋予了生命，还创造了一个充满想象力和互动性的环境。

4. 阴影记忆世界

提示：

想象一个世界，阴影承载着过去物体的记忆；创造一个侦探利用这一现象解决案件的故事。

结果：

GPT 可能会构建一个故事，其中一位侦探能够通过阅读物体的阴影来揭示过去发生的事件。在这个世界里，阴影不仅是光与暗的交互，还是解锁过去秘密的关键。

第4章

GPTs 创建步骤

要创建并定制GPT，用户首先需要登录GPT平台，并在对话交互窗口中开始创建新的GPT实例。在这一过程中，用户可以选择GPT的基本模板或类型，这一选择将决定GPT后续定制的方向和应用范围。创建完成后，用户可以进入"Configure"页面，对GPT的具体配置进行修改，以便更好地适应特定的应用场景。

4.1 使用对话方式创建 GPTs

使用对话方式创建GPT，涉及登录GPT平台并启动一个新的GPT实例创建过程。在这个过程中，用户可以通过简单的对话界面选择合适的GPT模板或类型，根据需要进行定制。这种创建定制化GPT的方式既直观又对用户友好，非常适合没有技术背景的用户。

4.1.1 明确 GPT 的任务和目标

在创建定制化GPTs之前，我们需要明确所创建的GPT的任务和目标，具体内容如下。

1. 识别需求

（1）分析目标：首先考虑自己希望GPT能够实现的目标，这可以是提供信息、执行任务、辅助决策等。

（2）用户调研：了解目标用户群的需求和期望，这可以通过问卷调查、用户访谈等方式进行。

（3）市场研究：研究市场上类似的产品或服务，了解它们的功能和用户反馈。

2. 定义范围

（1）功能界定：明确GPT将要提供的服务范围，考虑其能力限制和最佳应用领域。

（2）专业领域：如果GPT服务于特定领域（如医疗、法律等），要明确其专业知识范围。

（3）技术限制：考虑技术实现的可能性和限制，确保设定的职能是可实现的。

3. 设定优先级

（1）主次排序：如果GPT有多个职能，可以根据重要性和紧急性对这些职能进行排序。

（2）资源分配：根据职能的优先级，可以分配开发和维护资源。

（3）用户反馈：定期收集用户反馈，根据反馈调整职能的优先级。

通过这些步骤，可以有效地确定GPT的主要职能，确保其设计和开发符合实际需求和期望，从而提供更有效、更专业的服务。

4.1.2　撰写 GPT 的名称

在创建GPT的过程中，为GPT选择一个合适的名称是一个重要且有意义的步骤。名称不仅是GPT给人的第一印象，也反映了其功能和用途。

1. 名称的重要性

（1）品牌识别：一个好的名称可以增强GPT的品牌识别度。

（2）功能描述：名称应能体现GPT的主要功能或服务领域。

（3）用户吸引力：吸引人的名称可以提高用户的兴趣和参与度。

2. GPT 命名步骤

（1）功能和用途定位：明确GPT的主要功能和用途，是命名的出发点。

（2）目标受众分析：考虑目标用户群体的特点，如年龄、兴趣、行业等，以确保名称对他们有吸引力。

（3）创意思考：进行头脑风暴，列出与GPT功能、用途或目标受众相关的词汇。

（4）组合和简化：尝试不同的词汇组合，找到既简洁又有意义的名称。

（5）可用性检查：确保所选名称未被其他类似产品占用，避免版权问题。

3. 注意事项

（1）简洁明了：名称应简单易记，便于用户快速识别。

（2）避免误导：确保名称不会误导用户，能准确反映出GPT的功能。

（3）文化敏感性：考虑不同文化背景下的含义，避免不恰当的含义。

通过细致的思考和创意过程，可以为GPT撰写一个既有意义又有吸引力的名称，这将在用户体验和品牌建设中发挥重要作用。

4.1.3　制定 GPT 的 LOGO

在创建GPT时，为其制定一个合适的图标（Logotype，简称LOGO）是增强用户体验和品牌识别度的重要环节。LOGO不仅是GPT的视觉代表，还能传达其特点和功能。

1. LOGO 的重要性

（1）视觉吸引力：一个引人注目的头像可以提高用户的兴趣和参与度。

（2）品牌形象：LOGO作为GPT的视觉符号，是品牌形象的重要组成部分。

（3）功能象征：LOGO可以象征GPT的主要功能或服务领域。

2. 制定 LOGO 的步骤

（1）功能和用途分析：考虑GPT的功能和用途，这将指导LOGO的设计方向。

（2）目标受众考虑：分析目标用户群体的偏好，确保LOGO对他们有吸引力。

（3）设计风格确定：根据GPT的性质选择合适的设计风格，如专业度、友好性、创新性等。

（4）草图和概念：制作多个LOGO草图，探索不同的设计概念。

（5）反馈和调整：向潜在用户展示头像草图，根据反馈进行调整。

3. 注意事项

（1）简洁易识别：LOGO应简单明了，易于用户识别和记忆。

（2）文化适应性：考虑LOGO在不同文化背景下的接受度，避免不适当的元素。

（3）一致性：确保LOGO与GPT的整体品牌形象和风格保持一致。

通过精心设计的LOGO，可以有效地提升GPT的视觉吸引力和品牌形象，增强用户的互动体验。

4.1.4　指定 GPT 的知识库和数据源

在创建GPT时，指定合适的知识库和数据源是至关重要的。这一步骤需要确保GPT能够访问、理解和利用正确的信息来回答问题或执行任务。

1. 知识库和数据源的重要性

（1）信息准确性：确保GPT提供的信息是准确和可靠的。

（2）专业领域适应性：针对特定领域，GPT需要访问相关领域的专业知识库。

（3）用户体验：合适的知识库和数据源可以提升用户体验，使得GPT

的回答更加贴合用户需求。

2. 指定步骤

（1）需求分析：明确GPT的用途和目标用户群体，这将指导知识库和数据源的选择。

（2）领域选择：根据GPT的功能，确定需要涵盖的知识领域，如科技、医疗、法律等。

（3）数据源评估：评估潜在的数据源，考虑其权威性、准确性、及时性和全面性。

（4）集成和测试：将选定的数据源集成到GPT中并进行测试，以确保信息的准确性和适用性。

（5）持续更新：定期更新知识库和数据源，确保GPT访问的信息是最新的。

3. 注意事项

（1）数据质量：确保所选数据源的质量，避免引入不准确或过时的信息。

（2）版权和合规性：在使用特定数据源时，注意遵守相关版权和数据保护的法规。

（3）多样性和包容性：选择多样化的数据源，确保GPT能够涵盖广泛的视角和信息。

通过精心选择与维护知识库和数据源，可以大大提升GPT的性能和用户满意度，使其成为一个强大且可靠的工具。

4.1.5 确定 GPT 的对话风格和语调

在创建GPT时，确定其对话风格和语调是关键的一步，这不仅影响用户体验，还体现了GPT的个性和品牌形象。

1. 对话风格和语调的重要性

（1）用户互动：适宜的对话风格和语调能够增强用户的互动体验。

（2）品牌一致性：确保 GPT 的对话风格与品牌形象和价值观保持一致。

（3）功能适应性：不同功能的 GPT 可能需要不同的对话风格和语调。

2. 确定步骤

（1）目标用户分析：了解目标用户群体的偏好和期望，这将指导对话风格的选择。

（2）功能定位：根据 GPT 的主要功能和用途，确定合适的对话风格和语调。

（3）风格选型：选择正式、友好、幽默、专业等不同的对话风格。

（4）语调调整：根据 GPT 的角色和用途调整语调的风格，如权威、自信、亲切、具有指导性等。

（5）测试和反馈：通过用户测试收集反馈，根据反馈调整对话风格和语调。

3. 注意事项

（1）适应性：确保对话风格和语调能够适应不同的交流场景和用户需求。

（2）文化敏感性：考虑不同文化背景下的对话习惯，避免不适当的风格和语调。

（3）持续优化：根据用户的互动反馈不断优化对话风格和语调。

通过细致地调整 GPT 的对话风格和语调，可以提升用户的沟通体验，增强 GPT 与用户的互动效果和用户满意度。

4.1.6　明确 GPT 的应答范围和禁止区域

在创建 GPT 时，明确其应答范围和禁止区域是至关重要的。这一步骤不仅能确保 GPT 在安全和伦理边界内运作，还有助于提升用户体验和避免潜在的法律风险。

1. 应答范围和禁止区域的重要性

（1）安全性：确保GPT的回答不会引发安全问题或误导用户。

（2）伦理性：避免GPT触及敏感或不适当的话题。

（3）合规性：确保GPT的回答符合相关法律法规和行业标准。

（4）品牌形象：保护品牌形象，避免因不当回答而损害品牌形象。

2. 确定步骤

（1）功能定位：根据GPT的主要功能和用途，明确其应答的主要领域。

（2）风险评估：评估可能的风险和敏感话题，设定禁止区域。

（3）制定指南：制定明确的应答指南和禁止区域列表。

（4）测试和反馈：通过测试和用户反馈，不断调整和完善应答范围和禁止区域。

3. 注意事项

（1）适应性：随着社会环境和法律法规的变化，应答范围和禁止区域需要不断更新。

（2）文化敏感性：考虑不同文化背景下的敏感话题，以避免这类问题。

（3）用户引导：在GPT无法回答某些问题时，应提供适当的引导或解释。

通过明确GPT的应答范围和禁止区域，可以确保GPT在提供有价值的信息的同时，遵守伦理和法律标准，保护用户和品牌的利益。

4.2 利用配置功能进行修改

利用配置功能修改GPT助手，主要涉及访问GPT的设置界面，其中用户可以调整多种参数来定制GPT的行为和响应方式。在配置界面中，可以修改Instructions中的提示词和Conversation starters的内容，对

Capabilities进行启用等。通过这些调整，用户能够根据特定的应用需求或场景，优化GPT的性能和输出结果。

4.2.1　基本资料修改

基本资料包括GPT的LOGO、GPT名称、GPT描述，其中GPT的LOGO及名称的意义与重要性在前文已经说明，此处重点讲解编写GPT描述（Description）需要遵循的原则及资料修改方法。

1. 遵循原则

对于GPT的描述，需要遵循的原则具体如下所示。

（1）确定 GPT 的核心功能和目标。

①功能识别：明确 GPT 的主要功能和它所提供的服务。

②目标界定：确定 GPT 旨在解决的问题或其旨在达成的目标。

（2）使用清晰、简洁的语言。

①简洁性：避免使用冗长或复杂的句子。简洁的描述更容易被理解和记住。

②清晰性：使用直白清晰的语言，确保即使是非专业人士也能理解。

（3）突出 GPT 的独特性和优势。

①独特性：描述GPT与众不同的特点。

②优势：明确 GPT 与其他类似工具相比所具有的优势。

（4）考虑目标受众。

考虑目标受众的适应性，根据目标受众的特点调整描述的语言和内容。专业受众可能更关注技术细节，而一般用户可能更关心易用性和实际效果。

（5）明确使用限制和适用范围。

①限制说明：如果 GPT 有特定的使用限制或不适用的场景，应在描述中明确。

②适用范围：描述 GPT 最适合的使用场景或用户群体。

（6）定期更新和维护。

对GPT描述要定期进行更新和维护，随着 GPT 功能的改进或扩展，应确保描述也得到相应的更新。

GPT 描述示例：

假设正在为一个面向学生的学习辅助类 GPT 编写描述，可以按下面这样写。

学习伙伴 GPT 是一款专为学生设计的教育辅助工具。它能够提供定制化的学习建议、解答学术问题，并帮助学生准备考试。无论是数学问题解答还是历史论文写作指导，学习伙伴 GPT 都能提供及时、准确的帮助。请注意，学习伙伴 GPT 旨在辅助学习，但不能替代专业教师的指导。

遵循以上这些步骤和原则，可以确保你的 GPT 描述不仅准确无误，而且对目标受众会更有吸引力，清晰地传达 GPT 的价值和应用。

2. 资料修改方法

下面是 GPT 基本资料修改的具体方法。

（1）修改 GPT 的 LOGO。

单击配置：在创建或编辑你的 GPT 时，单击 "Configure" 可以进入高级自定义设置。

选择头像：单击配置页面中的 LOGO 部分可以选择头像。

上传或生成 LOGO 有两种方法：一是上传自己本地的图像作为头像；二是使用 DALL·E 3 自动生成新头像，若需指定图像类型，单击 "Create" 并输入相关指令。

（2）修改 GPT 的名称。

进入配置页面：在创建或编辑 GPT 时，需要进入配置页面进行内容修改。

修改名称：在配置页面，可以像修改普通文本一样更改聊天机器人的名称。

（3）修改 GPT 的描述。

在配置页面，可以更改聊天机器人的描述，以更准确地反映其功能和用途。

4.2.2 指令配置及更新

在配置 ChatGPT 或类似的人工智能聊天机器人时，精心编写的 Instructions（指令）对于确保 AI 提供高质量、一致且安全的用户体验至关重要。

1. Instructions 的作用和重要性

Instructions 是 AI 理解和回应用户输入的行为准则。它们不仅定义了 AI 的响应范围，还确保了与用户的交互是一致的、准确的，并符合预期目标。

（1）明确性：指令应直接且明确，避免含糊或多义性的表达。例如，如果 AI 用于中学生的辅助教育，指令应明确指出"提供适合中学生理解的解释和答案"。

（2）具体性：指令应详细到能够指导 AI 针对特定类型的查询做出适当反应。例如，"在回答历史问题时，提供准确的日期和事件背景"。

2. 用户体验和交互设计

优化用户体验是 Instructions 设计的核心。这涉及如何使 AI 与用户的交互更加自然、流畅，并根据用户反馈进行调整。

（1）用户引导：设计指令以引导用户提出更清晰、具体的问题。例如，"如果用户的问题含糊不清，引导他们提供更多详细信息"。

（2）反馈应用：根据用户的反馈调整指令，以提高回答的相关性和满意度。例如，"如果用户经常对某类回答表示不满，应调整该类问题的回答策略"。

3. 技术实现和集成

Instructions 的技术实现涉及如何将其与 AI 系统的其他组成部分（如自然语言处理引擎）有效集成。

（1）集成协调：确保指令与 AI 的理解和回应能力相匹配。例如，如果 AI 不能处理过于复杂的语言结构，指令应避免要求 AI 执行超出其处理能力的任务。

（2）解决方案：对于技术挑战，如语言理解的局限性，提供具体的解决方案。例如，如果 AI 不能准确解析长句，指令应包括简化用户输入的策略。

4. 数据和隐私考虑

在编写 Instructions 时，必须考虑数据处理和隐私保护的要求。

（1）隐私保护：指令应指导 AI 在处理个人数据时遵守隐私法规。例如，"不要存储用户的个人信息，除非得到明确的同意"。

（2）法律合规：确保 AI 的行为符合所有相关的法律法规和行业标准。例如，"避免在未经授权的情况下收集或共享用户数据"。

5. 注意事项

在编写 Instructions 时，还需要考虑 AI 的限制和边界，以及安全和合规性。

（1）操作边界：明确 AI 不应执行的操作。例如，"避免提供医疗或法律建议"。

（2）安全和合规：确保指令符合安全和合规性要求。例如，"在处理敏感话题时采取谨慎态度"。

6. 适应性和可扩展性

Instructions 应具有适应性和可扩展性，以适应不同的使用场景和用户需求。

（1）场景适应：根据不同的使用场景和用户群体动态调整指令。例如，"对于教育用途，重点放在引导学习和提供信息上"。

（2）扩展性：在 AI 系统升级或扩展时，需要更新和维护指令。例如，"随着 AI 能力的提升，增加处理更复杂查询的指令"。

7. 多语言和文化适应性

Instructions 应考虑多语言支持和文化差异，以确保 AI 对话对于不同文化背景的用户都是恰当和敏感的。

（1）多语言支持：设计指令以适应不同语言和方言。例如，"对于非英语查询，使用相应的语言模型"。

（2）文化敏感性：考虑文化差异，确保 AI 的回答对不同文化背景的用户都是适当的。例如，"在讨论特定国家的历史或文化时，采用中立和尊重的语言"。

8. 性能监测和评估

定期评估 Instructions 对 AI 性能的影响，并进行必要的调整。

（1）性能评估：定期评估指令对用户满意度和对话质量的影响。例如，通过用户调查和数据分析来评估回答的准确性和相关性。

（2）持续改进：根据性能评估的结果持续优化指令。例如，如果发现某类问题的回答不够准确，调整相关指令以提高准确性。

9. 案例研究和实际应用

通过分析成功案例和教训，可以为编写更有效的 Instructions 提供实际的见解和指导。

（1）案例分析：分析在特定行业或场景中成功应用指令的案例。例如，探讨在客户服务领域如何通过指令提高解决问题的效率。

（2）经验分享：分析在实施指令过程中遇到的挑战和教训。例如，分享在处理多语言支持时遇到的困难和解决策略。

我们遵循这些细致的指导原则有助于创造出既能引导 AI 行为，又能灵活适应各种使用场景和用户需求的 Instructions，同时还能够保障用户体验的安全性、合规性和效率。

4.2.3　对话启动器配置

配置 ChatGPT 的对话启动器需要遵循一系列详细的步骤和原则，以确保这些启动器既能激发用户的兴趣，又能有效地引导对话。

1. 明确对话启动器的目标和用途

（1）目标：对话启动器应该能够激发用户的兴趣，并引导他们进入与 GPT 的核心功能和专长相关的对话。

（2）用途：对话启动器的使用应该简单而直接，以便用户可以轻松开始对话。

2. 分析目标受众

（1）用户特性分析：需要了解目标用户群体的兴趣、需求和偏好。

（2）适应性设计：对话启动器的内容和风格应根据用户群体的特点进行定制。

3. 设计引人入胜的对话启动器

（1）创造性：需要设计创新和吸引人的对话启动器，以激发用户的好奇心。

（2）相关性：每个对话启动器都应与 GPT 的主要功能和用途紧密相关。

4. 提供多样化的选择

（1）覆盖广泛的主题：包括不同主题类型的对话启动器，以吸引具有不同兴趣爱好的用户。

（2）具有多样性选择：提供不同类型的对话启动器，如提问题、给提示或提供有趣的事实，以适应不同用户的交流风格。

5. 确保简洁和易理解

（1）简洁性：对话启动器应该简单，避免过多的细节或复杂的背景信息。

（2）易理解：使用通俗易懂的语言，确保所有用户都能轻松理解。

6. 进行测试和反馈循环

（1）用户测试：在真实用户群体中测试对话启动器的效果。

（2）收集反馈：获取用户对对话启动器的反馈，并据此进行优化。

7. 定期更新和维护

（1）更新内容：定期审查和更新对话启动器，确保它们与当前趋势和用户兴趣保持一致。

（2）维护相关性：移除内容过时或不再相关的对话启动器。

对话启动器示例：

如果是为家庭厨师设计的 GPT，对话启动器设置相关提示内容，如图4.1所示。

图4.1 厨房小助手GPT的提示内容

通过遵循这些详细的步骤和原则，可以创建有效且吸引人的对话启动器，这不仅能提升用户体验，还能促进用户与 GPT 进行有效互动。

4.2.4 功能选择

在配置自定义GPT时，选择合适的功能（Capabilities）是关键步骤，目前可进行选择的功能包括"Web Browsing"、"DALL·E Image Generation"和"Code Interpreter"。

1. Web Browsing（网络浏览）

Web Browsing功能赋予GPT能力去访问和浏览互联网，搜索和检索信息。这使得GPT能够提供最新的新闻更新、详细的研究资料或任何特定主题的在线信息，从而增强其回答的时效性和深度。

是否选择Web Browsing功能，我们需要考虑的因素如下所示。

（1）信息安全和隐私：确保在浏览过程中不会泄露敏感信息，特别是在处理个人数据时。

（2）信息的准确性和可靠性：获取的信息需要是准确和可信的，避免误导用户。

（3）技术实现的复杂性：考虑实现网络浏览功能的技术难度和成本，以及是否有足够的资源来支持这一功能。

（4）用户需求和应用场景：评估目标用户是否真正需要实时的网络信息，以及这是否符合他们的使用习惯。

> ⚠ 注意：（1）如果是一个专注于提供实时金融市场分析的聊天机器人，需要不断地访问和分析最新的市场数据和新闻报道，对于这样的应用，Web Browsing 功能是必不可少的。
>
> （2）如果是一个面向小学生的数学教育机器人，主要用于解答数学问题和提供学习材料。在这种情况下，实时访问互联网的需求较低，我们可以不启用 Web Browsing 功能。

2. DALL·E Image Generation（图像生成）

DALL·E Image Generation 功能使 GPT 能够根据文本提示创造出图像，这对于需要丰富视觉内容的应用场景非常有用。它可以用于生成创意画作、插图或任何形式的视觉内容，从而增强用户体验。

是否选择使用 DALL·E，我们需要考虑以下因素。

（1）创意内容的需求：评估是否需要大量创意和定制化的图像内容。

（2）版权和伦理问题：生成的图像是否涉及版权或伦理问题，尤其是在商业用途中。

（3）用户交互方式：考虑用户是否更倾向于视觉内容而非纯文本信息。

（4）资源消耗：考虑图像生成可能需要的计算资源和时间，以及是否有足够的技术支持来实现这一功能。

> ⚠ 注意：（1）如果是一个广告代理机器人，需要根据客户的描述生成创意广告草图和视觉概念。在这种情况下，DALL·E Image Generation 功能是极其重要的。
>
> （2）如果是一个专注于提供文本形式的法律咨询的聊天机器人，其主要功能是提供详细的法律解释和建议，这种应用场景下，图像生成功能可能不是必需的。

3. Code Interpreter（代码解释器）

Code Interpreter 功能使 GPT 能够解释和执行代码，这对于提供编程相关的支持和解决方案非常有用。它可以用于编程教学、代码调试建议或自动化脚本生成。

是否选择 Code Interpreter 功能，我们需要考虑以下因素。

（1）目标用户群的需求：评估用户是否需要编程相关的帮助，以及他们的技术水平。

（2）安全性：考虑执行代码可能带来的安全风险，特别是在处理敏感数据或执行复杂操作时。

（3）资源消耗：考虑代码执行可能需要的计算资源，以及是否有足够的技术支持来实现这一功能。

（4）实用性：考虑功能是否真正符合用户的实际需求和使用场景。

⚠ 注意：（1）如果是一个面向编程新手的教育机器人，需要提供实时的编程指导和问题解答，对于这种应用，Code Interpreter 功能是核心要素。

（2）如果是一个旅游规划聊天机器人，它主要提供旅游目的地信息和行程建议。在这种情况下，编程支持并不是必需的，因此可以不启用 Code Interpreter 功能。

通过这样的分析，可以更准确地决定哪些功能适合特定的应用场景，从而创建一个既高效又符合用户需求的定制化 GPT 聊天机器人。

4.3　测试 GPT

创建完 GPT 之后，我们需要先对它进行测试，完整的测试内容如下所示。

（1）初步功能测试：在 Explore 环境中进行基础对话测试，是检查所创建的 GPT 实例是否能够正常响应的第一步。这包括评估其基本的语言理解能力和回答质量，确保没有明显的逻辑错误或不相关的回答。这个阶段的测试是为了确保 GPT 实例在处理常见查询时的基本稳定性和可靠性。

（2）场景模拟测试：根据所创建的 GPT 实例的预期用途，模拟各种实际应用场景，例如客服咨询、教育辅导等，是测试其实际应用能力的关键。这不仅包括提出标准问题，还包括向所创建的GPT实例提出具有挑战性的问题或输入复杂的指令，以观察其处理能力和适应性。

（3）功能完整性测试：如果为所创建的GPT实例配置了特殊功能，如Web Browsing或Image Generation，需要进行专项测试以确保这些功能按预期工作。这包括检查功能的响应速度、准确性，以及它们是否与主要功能协调一致，确保整体用户体验的连贯性。

（4）用户体验测试：邀请一小部分目标用户体验所创建的GPT实例，并收集他们的直接反馈，是了解实际使用中的体验和问题的重要步骤。这一阶段的测试重点关注用户在使用过程中的困惑点、喜好和提出的改进建议，以便更好地调整GPT实例以满足用户需求。

（5）安全和合规性测试：要确保所创建的GPT实例的回答不包含不当或有害内容，且符合法律法规和道德标准，是测试的一个重要方面。特别要检查是否有潜在的数据泄露或隐私侵犯问题，以保护用户的安全和隐私。

4.4 发布 GPT

测试完GPT，并修改其中的问题之后，我们就进入了最后一个步骤，即发布GPT，具体步骤如下所示。

1. 选择要发布的 GPT 实例

在GPT实例列表中，仔细浏览并找到打算发布的那个特定实例。

单击该实例，将被引导至其详细配置页面。这个页面详细展示了GPT实例的所有设置和配置选项，是进行最后检查和修改的地方。

2. 检查和确认配置

在发布之前，重点检查GPT实例的所有配置。这包括功能设置、文本描述、任何特定的参数设置等。

确保所有设置都符合预期，尤其是那些关键配置，如对话样式、功能限制等，因为这些会直接影响用户体验和实例性能。

3. 选择发布方式

根据目标用户群体和需求，选择最合适的发布方式。

每种发布方式都有其特定的适用场景和访问权限设置。具体的发布方式如下所示。

1）私有发布（Private）

在私有发布方式下，GPT 实例仅对创建者本人可见，这意味着除了创建者，没有其他人可以访问或使用这个 GPT 实例。

这种发布方式非常适合于那些还处于开发或测试阶段的 GPT 实例。例如，如果正在开发一个新的功能或正在尝试不同的配置设置，可能不希望外部用户立即看到或使用这些未完成的版本，那么就可以选择私有发布方式。

私有发布方式还适用于那些仅供个人使用的 GPT 实例，比如个人助手或特定于个人项目的工具。在这种情况下，保持 GPT 实例的私有性可以确保人个隐私和信息安全。

2）链接访问（Link Access）

选择链接访问方式发布 GPT 实例，意味着该实例可以通过一个特定的链接被访问。这种方式提供了一种中间的选择，既不是完全私有，也不是完全公开。

链接访问模式适合于那些需要控制访问权限但又希望与特定人群分享的场景，通过分享这个特定的链接，可以指定用户访问 GPT 实例。

如果希望与特定人群或团队分享 GPT 实例，这种方式非常有用，例如，在一个封闭的测试群体中或在特定的合作项目中，在教育环境中或者在企业内部，都可以使用这种方式分享特定资源。

3）公开发布（Public）

选择公开发布方式，意味着该 GPT 实例将对所有人开放。任何人都可以访问并使用这个 GPT 实例，无须任何特定的访问权限。

对于那些已经开发和测试完成，准备好面向广泛用户的 GPT 实例，可以选择公开发布方式。例如，如果创建了一个面向公众的信息查询助手或一个广泛适用的教育工具，那么公开发布方式将是一个理想的选择。

公开发布的 GPT 实例可能会出现在平台的公共目录中，供所有用户浏览和使用。这种方式增加了 GPT 实例的可见性和影响力，但同时也要求更高的稳定性和可靠性，因为它将面对更广泛的用户群体和使用场景。

根据具体需求和目标，选择最合适的发布方式对于确保 GPT 实例的成功和有效性至关重要。每种方式都有其优势和局限性，因此在做出决定时，需要仔细考虑 GPT 实例的目的、目标用户群体的特征，以及隐私和安全的需求。

4. 执行发布操作

在配置页面上，找到并单击 "Publish" 或类似的按钮来启动发布过程。

这个过程可能会涉及一些额外的步骤，如确认发布信息或同意相关的服务条款。请仔细阅读并遵循这些步骤，以确保完全理解发布的含义和后果。

5. 等待发布完成

根据 GPT 实例的复杂性和平台的处理能力，发布过程可能需要一段时间。

在这个过程中，平台通常会提供进度指示，如进度条或状态信息，方便用户了解当前的发布状态。

6. 发布后的确认

GPT 实例一旦发布完成，平台通常会提供一个确认消息或状态更新，告知用户 GPT 实例已经成功发布并处于可用状态。

在某些平台上，还可以看到新发布的 GPT 实例的具体链接或访问路径，这对于链接访问或公开发布的 GPT 实例尤为重要。

7. 测试公开访问

如果选择了公开发布方式或链接访问方式发布 GPT 实例，那么可以使用不同的用户账号或在无痕浏览模式下进行访问，以验证其公开可访问性。

　　进行一些基本的功能测试，如提出问题或请求特定信息，以确保
GPT实例在实际使用环境中能够正常工作并响应用户请求。

8. 监控和收集反馈

　　创建的GPT实例在发布后，持续监控其性能和用户的反馈。

　　根据用户的使用情况和反馈，准备好进行必要的调整和优化。这可
能包括调整对话参数、增加新功能或修复发现的问题，以提高GPT实例
的性能和用户体验。

　　通过遵循这些详细的步骤，就可以确保GPT实例的发布过程不仅顺
利且高效，而且在发布后，GPT实例能够按照预期为用户提供高质量的
服务。

第5章

使用 GPTs 的高级定制

为了让 GPTs 更有效地完成广泛的任务并实现更高程度的个性化，仅仅使用基本的创建和配置功能是不够的。我们需要借助 GPTs 的高级定制功能，这些功能能够显著提升定制化 GPTs 的智能化水平和应用范围。

5.1 自定义知识库

自定义知识库是根据特定需求或应用场景构建的，它允许我们向 GPTs 注入专门的信息和数据，使 GPTs 在特定领域内表现得更加出色。例如，为一个专注于医疗健康咨询的 GPT 模型创建的知识库会包含大量医疗和健康相关的信息。

自定义知识库需要具有准确性和时效性，即知识库包含的信息应该是准确的和最新的，以确保模型提供的回答是可靠的和及时的。

自定义知识库属于定制化内容，该知识库内容是根据特定用户群体或业务需求定制的，这意味着它可能包含特定行业的术语、专业知识或特定区域的文化信息。

1. 自定义知识库的作用

（1）提高准确性和相关性。当 GPT 被赋予与特定主题或领域相关的知识时，它能更准确地理解和回应这些领域的查询。这意味着模型能够提供更精确、更贴合用户需求的回答，从而提高用户满意度和模型的实用性。

（2）增强用户体验。定制化的知识库使得GPT能够更加贴近用户的特定需求，提供更个性化的交互体验。这对于提升用户的参与度和保持用户的长期兴趣至关重要。

（3）提升决策支持能力。在企业和专业应用中，定制化的知识库可以帮助GPT提供更加专业和深入的见解，支持决策制定。这对于那些需要专业知识的领域尤其重要，如医疗、法律或金融服务。

2. 使用自定义知识库的原则

（1）确保自定义知识库与主题的相关性。确保自定义知识库所提供的知识与GPT预期使用的领域或主题相关，以确保输出内容具有相关性和适用性。这意味着知识内容应与用户的兴趣和需求紧密相关联，避免提供无关或杂乱的信息。

（2）确保自定义知识库的准确性。自定义知识库所提供的知识应该是准确的和最新的，以保证模型输出的可靠性。这包括定期审核和更新知识库，以确保信息的时效性和准确性。

（3）确保自定义知识库的多样性。自定义知识库应包含不同来源和视角下的知识，以增强模型的全面性和适应性。这有助于避免偏见和单一视角，确保所创建的GPT能够提供全面和均衡的回答。

（4）确保自定义知识库的可理解性。确保知识内容易于被模型所理解和处理，避免过于复杂或难以解析的数据格式。这意味着知识内容应该以清晰、结构化的方式呈现，以便GPT能够有效地处理和利用这些信息。

3. 建立自定义知识库的方法

（1）数据收集。收集与特定主题或领域相关的文本数据，这些数据可以来自书籍、文章、报告、专业文献等。这一步骤是构建知识库的基础，需要确保数据的广泛性和相关性。

（2）数据处理。将收集到的数据转换为GPT可以理解的格式，需要进行数据处理，如文本清洗、分割成块、转换为嵌入向量等。这一步骤涉及数据预处理，能够确保数据的质量和一致性。

（3）数据整合。将处理后的数据整合到 GPT 中，或作为 GPT 回答查询时的参考。这可能涉及使用特定的算法来优化数据与 GPT 的结合方式，以提高模型的效率和准确性。

（4）持续更新。随着时间的推移和领域知识的发展，应定期更新知识库，确保 GPT 的知识保持最新。这包括监控领域内的新发展、新研究，以及用户反馈，以持续优化知识库。

通过这些方法，GPT 的自定义知识库可以被有效地构建和维护，从而使得 GPT 在特定的应用场景中表现得更加出色。

5.2 使用 Actions 功能

Actions（动作）在 GPT 中是一个革命性的概念，它极大地扩展了 GPT 的功能和应用范围。创建 Actions 不仅赋予了 GPT 执行具体、实际任务的能力，而且将其从一个基于文本的对话机器人转变为一个多功能的智能助手。

5.2.1 Actions 设计理念

为了实现提供更高效、个性化且易于使用的智能助手的目标，OpenAI 对 GPT Actions 采纳了以下核心设计理念。

（1）用户控制：Actions 的设计重点之一是赋予用户更大的控制权。这意味着用户不仅能够定义 GPT 的对话风格和知识范围，还能精确指定它应执行的具体操作。

（2）无须编程专业知识：Actions 的设计充分考虑了用户的多样性，确保即使是没有编程知识的普通用户也能够轻松创建和配置这些功能。

（3）灵活性与扩展性：通过 Actions，GPT 获得了极大的灵活性和扩展性，使其能够适应从简单的数据查询到复杂的业务流程自动化等各种不同的应用场景。

因此，借助 Actions，GPT 超越了传统的文本生成和响应功能，进入与外部系统的直接交互阶段。这意味着用户无须任何编程知识，就可以利用 GPT 直接访问和处理数据，与其他软件服务的接口（API）进行交互，甚至执行数据分析、自动化报告生成等更复杂的操作。

更为重要的是，Actions 的核心在于其高度的定制化能力。用户可以根据自己的特定需求或场景，定制 GPT 的行为和响应模式。这种定制化不仅限于改变 GPT 的对话风格或知识库，而且延伸到了其功能和操作层面。每个 GPT 实例都可以被精心设计和配置，以便专门处理特定的任务或解决特定的问题。例如，一个 GPT 实例可以被定制为一个财务顾问，专门处理财务相关的查询和分析；另一个 GPT 实例则可以被配置为一个健康助手，提供健康和营养建议。

这种定制化的深度和广度意味着 GPT 可以被应用于几乎无限的场景中，如从企业级的任务自动化到个人生活的智能辅助，每个 GPT 实例都可以成为一个独特的、专门针对特定需求和场景的工具。这不仅提高了其实用性，也为各种行业和个人用户提供了前所未有的灵活性和创新潜力。

5.2.2 Actions 的特性

Actions 在 GPT 中的应用带来了显著的功能性扩展和高度的定制化，这两个特性共同推动了 GPT 技术的边界扩展和应用领域的深化。

1. 功能性扩展

（1）超越文本交互：原本，GPT 的主要功能是基于文本的生成和响应，例如回答问题、撰写文章等。通过 Actions，GPT 的能力得到了显著扩展，使其能够执行更为复杂和动态的任务。

（2）系统交互与集成：Actions 使 GPT 能够与外部系统进行直接交互，例如，连接到数据库进行数据检索，与 CRM 系统同步以管理客户关系，或者与电子商务平台接口，处理订单和客户服务。

（3）智能自动化：GPT 可以通过 Actions 自动执行任务，如数据分析、生成报告，甚至编写和测试代码。这种自动化不仅提高了效率，也开启了新的应用可能性，如智能助理、自动化内容创作等。

2. 定制化

（1）用户驱动的定制：Actions的核心优势在于其高度的定制化能力。用户可以根据自己的需求或特定场景，定制GPT的行为和功能。这种定制不仅限于基本的对话能力，还包括特定的操作和任务执行。

（2）场景适应性：每个GPT实例都可以被定制，以适应特定的应用场景。例如，在医疗领域，GPT可以被定制为提供医疗咨询或辅助诊断；在教育领域，GPT则可以成为个性化的学习助手，提供定制化的学习内容和指导。

（3）个性化体验：定制化还意味着为最终用户提供更个性化的体验。无论是在客户服务、个人助理，还是在内容创作等领域，每个GPT实例都可以根据用户的具体需求和偏好进行优化，提供更加贴合个人需求的服务。

因此，在定制化GPTs中，Actions的引入不仅仅是对GPT功能的扩展，更是对其应用范围和效能的提升。通过功能性扩展和定制化，GPT能够更好地适应各种复杂的应用场景，为用户提供更加丰富、高效、个性化的服务和体验。

5.2.3　Actions 的功能

Actions的自定义功能内容如下所示。

1. 任务执行

（1）多样化任务处理：通过Actions，GPT可以被配置来执行各种任务，这不仅限于自动回复电子邮件、查询数据库、生成报告等常规任务，还包括更复杂的操作，如自动化数据分析、进行市场预测，或者执行自定义的算法。

（2）实时交互与反馈：GPT可以实时处理用户请求，提供即时反馈，例如，在对话中实时生成数据分析结果或即时更新数据库信息。

2. 与 API 的集成

（1）广泛的服务接入：Actions 使得 GPT 能与各种外部 API 集成，这包括但不限于天气服务、股票市场信息、电子商务平台等。这种集成为 GPT 提供了访问和利用外部数据和服务的能力。

（2）动态内容整合：GPT 可以通过 Actions 与 API 的集成，将这些服务的响应动态地整合到它的对话中，为用户提供实时更新的信息和个性化的服务体验。

3. 个性化体验

（1）定制化的用户界面：通过特定的 Actions，可以为用户提供个性化的体验。这意味着 GPT 不仅能够根据用户的偏好和需求调整其对话风格，还能够根据用户的特定需求定制功能。

（2）场景适应性：例如，有的定制的 GPT 可以通过特定的 Actions 来管理个人日程，而有的 GPT 则可能专注于提供财务建议。这种适应性使得 GPT 能够在不同场景下提供专业和精准的服务。

GPT 的自定义能力通过 Actions 得到了极大的扩展和强化。这不仅使得 GPT 能够执行更多样化和复杂的任务，还使其能够提供更加个性化和专业化的用户体验。通过与外部 API 的集成，GPT 能够访问更广泛的服务和数据，为用户提供更加丰富和实时的信息。这种自定义能力的提升，使得 GPT 成为一个更加强大和使用灵活的工具，能够满足各种不同用户和场景的需求。

5.2.4　Actions 的用途

Actions 在 GPT 中的应用极大地扩展了其功能，使其能够适应和优化各种复杂和独特的应用场景，从而应用于各种领域。

1. 企业级应用

（1）客户服务自动化：Actions 使 GPT 能够自动响应客户查询，处理常见问题，从而提高响应速度和效率。这种自动化减少了对人工客服的依赖，能够提高客户满意度。

（2）市场分析和报告：通过Actions，GPT可以自动收集市场数据，分析趋势，并生成详细的报告。这对于企业来说是一个宝贵的工具，帮助他们在竞争激烈的市场中做出更明智的决策。

（3）自动化工作流程：通过Actions，GPT可以自动执行日常的业务任务，如数据录入、预约安排和邮件管理，从而提高工作效率和减少人为错误。

2. 个人化服务

（1）生活助理：GPT可以通过Actions来管理个人日程、提醒重要事件或规划旅行，为用户提供个性化的生活管理服务。

（2）学习和教育：GPT可以通过Actions为用户的学习需求提供定制化的学习材料和建议，从而成为个性化的学习助手。

（3）健康咨询：在健康领域，GPT可以通过Actions提供饮食和健康建议，甚至帮助用户监测其健康状况，成为个人健康顾问。

3. 创新应用

（1）艺术和创意写作：GPT可以利用Actions来激发创意灵感，协助艺术家和作家在创作过程中生成初步草稿或想法。

（2）编程和开发：GPT可以利用Actions为开发者提供编程建议，生成代码片段，甚至帮助解决编程难题，成为编程过程中的助手。

（3）游戏和娱乐：在游戏设计中，GPT可以通过Actions创造游戏剧情、角色对话，甚至参与游戏测试，增强游戏的互动性和故事性。

4. 社会和公共服务

（1）语言翻译和文化交流：GPT可以使用Actions作为翻译工具，促进跨文化交流，帮助打破语言障碍。

（2）公共安全和紧急响应：GPT还可以使用Actions在紧急情况下提供及时的信息和指导，协助处理公共安全问题。

可以发现，Actions可以使GPT从一个简单的文本生成工具转变为一个能够在多领域中提供具体、实际帮助的强大工具。这种转变不仅提高

了 GPT 的实用性，也为各种行业和个人用户提供了前所未有的可能性和
灵活性。

5.2.5　创建 Actions 的步骤

通常，创建 Actions 的主要步骤如下。

（1）获取 API 相关信息。此步骤涉及收集将要调用的 API 的相关信息，
包括 API 的 URL、任何必要的请求参数，以及鉴权信息（如果 API 需要认
证）。这是整个过程的基础，确保拥有执行 API 调用所需的所有必要信息。

（2）选择 "Configure" 选项卡并添加 Actions。在 GPT Builder 界面中，
需要找到并选择 "Configure" 选项卡。这是配置新 Actions 的起点。在
"Configure" 选项卡中，寻找并单击 "Create new action" 按钮（见图 5.1），
这将引导进入 "Add actions" 页面。

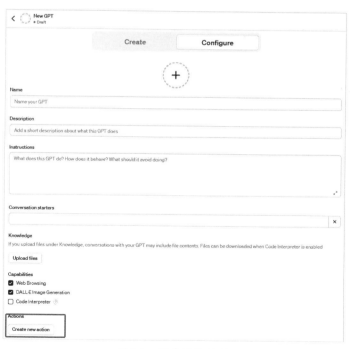

图 5.1　创建动作示例

在此页面上，配置Schema是必要的步骤。这涉及将之前收集的API信息加入Schema中，从而生成对应的Actions。Schema定义了如何与API交互，包括请求的结构和预期的响应。

（3）设置认证信息。如果调用API需要鉴权认证，这一步非常关键。在"Authentication"部分，如果选择"API Key"或"OAuth"需要输入所有必要的认证信息，这确保了GPT应用可以成功地与API进行安全交互。若选择"None"则不用输入认证信息，如图5.2所示。

图5.2　设置鉴权图

（4）输入隐私政策URL。作为公共应用的一部分，需要在"Privacy policy"部分输入相应的隐私政策URL。这是用户了解他们的数据如何被处理的重要步骤，也是构建用户信任关系的关键，如图5.3所示。

图5.3　配置隐私政策URL

（5）进行测试和保存。配置完成后，测试新配置的 Actions 以确保它们能按预期工作。在每个 Action 旁边会找到一个"Test"按钮。单击此按钮可以运行测试，验证 Actions 的功能。

确认测试无误后，保存配置。这确保了所有更改都被记录并应用于 GPT 应用。

（6）配置调用 Actions 的场景。返回到"Configure"页面，在"Instructions"部分添加特定的 Prompt。这里定义在何种情况下应该调用这些新创建的 Actions。

这一步是整个过程的最终环节，它确保了当 GPT 应用接收到特定的用户输入时，能够正确地触发并执行相应的 Actions。

为了更好地理解这个步骤，我们以获取《哈利·波特》书中的信息为例来说明。这个例子包括两个 Action，其中一个是获取哈利·波特学院的信息，命名为"Gethouses"，另一个是获取哈利·波特的魔法信息，命名为"Getspells"。具体的步骤如下所示。

1. 获取 API 接口信息

首先，访问 API 的官方文档，在这里，你将找到关于 API 的详细信息，包括但不限于调用 API 的 URL、请求参数和鉴权信息（如果有的话）。特别地，我们关注两个特定的接口：一个用于获取哈利·波特学院的信息，另一个用于获取魔法信息。

这两个接口都不需要额外的鉴权认证，也没有特别的请求参数需要添加。

确定这两个接口的 URL 之后，可以使用 Postman 这样的 API 测试工具来验证这两个接口的有效性和响应。通过发送请求到上述 URL，可以预览接口返回的数据，确保它们能够正常运行并返回预期的结果，获取到的学院信息如图 5.4 所示，获取到的魔法信息如图 5.5 所示。

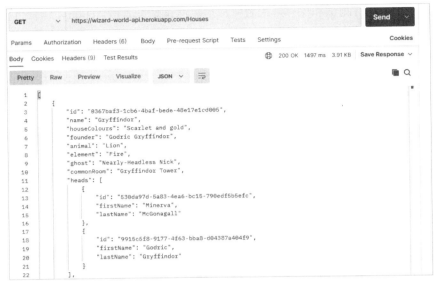

图 5.4　学院 API 测试结果

图 5.5　魔法 API 测试结果

2. 编写 Schema

在GPT Builder的"Configure"选项卡中，找到并单击"Create new action"按钮，进入"Add actions"页面。在这里，选择"Blank Template"以生成一个空白的JSON格式的Schema，如图5.6所示。这是一个重要的步骤，因为它为后续添加具体的API信息奠定了基础。

图 5.6　Schema 例子

接下来，将之前获取的接口信息精确地添加到这个空白的Schema中。这包括设置API的基础URL、定义各个路径（如"/Houses"和"/Spells"）及它们的操作（如GET请求）。这样做的目的是在GPT Builder中创建具体的Action，这些Action将基于这些定义来执行API调用。

完成Schema的编写后，确保它反映了以下的JSON结构（代码中的网址仅用于演示，读者需要根据自己的需求自行获取）：

```
{
  "openapi": "3.1.0",
  "info": {
    "title": "Untitled",
    "description": "Your OpenAPI specification",
```

```
      "version": "v1.0.0"
  },
  "servers": [
    {
      "url": "https://wizard-world-api.herokuapp.com"
    }
  ],
  "paths": {
    "/Houses": {
      "get": {
        "description": "Get The houses from Harry Potter
                       Books",
        "operationId": "GetHouses",
        "parameters": [

        ],
        "deprecated": false
      }
    },
  "/Spells": {
      "get": {
        "description": "Get The spells from Harry Potter
                       Books",
        "operationId": "GetSpells",
        "parameters": [

        ],
        "deprecated": false
      }
    },
  },
  "components": {
    "schemas": {}
  }
}
```

将这个详细的JSON填入Schema配置中，这样就会自动生成
"GetHouses"和"GetSpells"两个Action，它们分别对应于我们之前定义
的两个API接口，如图5.7所示。

图 5.7　Actions 信息

3. 设置认证

对于本例中的API，由于它们不涉及敏感数据或特定的用户权限，因
此不需要进行鉴权认证。这意味着在GPT Builder的"Authentication"部
分不需要填写任何信息。这简化了整个配置过程，使得我们可以更快地
进行下一步。

4. 输入隐私政策 URL

由于我们正在创建的是一个公共应用的GPT，因此需要在"Privacy
policy"部分输入相应的隐私政策URL。这是一个重要的步骤，因为它
涉及用户数据的处理和保护。在本例中，我们输入展示API隐私政策的
URL，用以后用户提供详细的隐私信息，确保他们了解我们的数据收集、
使用和保护措施，从而增强透明度并建立信任关系。

5. 测试和保存

在配置完所有必要的信息后，接下来的步骤是测试这些配置，以确
保它们能按预期工作。在GPT Builder中，对于每个创建的Action（如
"GetHouses"和"GetSpells"），都有一个"Test"按钮。单击这个按钮，

系统将尝试执行相应的Action，并显示测试结果。

在测试过程中，可能会弹出提示，询问是否允许本次请求或总是允许请求，如图5.8所示。根据实际情况选择合适的选项，以继续执行Action。

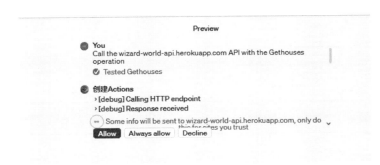

图5.8　调用权限请求

我们继续进行将要获得预期结果的测试。

其中，GetHouses的接口的具体反馈如下所示。

在《哈利·波特》系列中，霍格沃茨魔法学校有四个学院，每个学院都有其独特的特征和价值观。

格兰芬多（Gryffindor）：格兰芬多的学院颜色是猩红色和金色，创始人是戈德里克·格兰芬多。这个学院的象征动物是狮子，元素是火，学院幽灵是差点没头的尼克，公共休息室位于格兰芬多塔。格兰芬多的特点包括勇气、骑士精神、胆量和决心。

拉文克劳（Ravenclaw）：拉文克劳的学院颜色是蓝色和青铜色，创始人是罗伊纳·拉文克劳，学院的象征动物是鹰，元素是空气，学院幽灵是灰女士，公共休息室位于拉文克劳塔。拉文克劳的特点包括学习、接纳、智力、智慧、机智和创造力。

赫奇帕奇（Hufflepuff）：赫奇帕奇的学院颜色是黄色和黑色，创始人是赫尔加·赫奇帕奇。这个学院的象征动物是獾，元素是土，学院幽灵是胖修士，公共休息室位于赫奇帕奇地下室。赫奇帕奇的特点包括勤奋、耐心、忠诚、公正、公平和谦逊。

　　斯莱特林（Slytherin）：斯莱特林的学院颜色是绿色和银色，创始人是萨拉查·斯莱特林。这个学院的象征动物是蛇，元素是水，学院幽灵是血腥男爵，公共休息室位于斯莱特林地牢。斯莱特林的特点包括足智多谋、自我保护、野心、狡猾、自尊和决心。

　　接口反馈结果如图5.9所示。

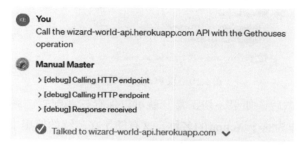

图 5.9　获取学院信息结果

　　其中，GetSpells接口的具体反馈如下所示。

　　在《哈利·波特》系列中，有许多不同的魔法咒语，每个咒语都有其特定的效果。以下是一些例子。

　　1.阿拉霍洞开（Alohomora）：用于开启门或容器。

　　2.水咒（Aguamenti）：可以召唤出水。

　　3.解锁咒（Alohomora）：用于解锁物体，由古代非洲巫师创造。

　　4.防入侵咒（Anti-intruder Jinx）：用于驱逐入侵者。

　　5.阿瓦达索命咒（Avada Kedavra）：立即导致死亡，是三大不可饶恕咒语之一。

　　6.气泡头咒（Bubble-Head Charm）：在头部周围创建保护气泡。

　　7.骨修复咒（Ossus Reparo）：修复骨头。

　　8.脚步追踪咒（Appare Vestigium）：揭示魔法的痕迹，包括脚印和追踪标记。

　　9.召唤咒（Accio）：召唤物体。

　　10.晕咒（Stupefy）：使目标失去意识。

　　11.咒语反射咒（Protego）：反射咒语和阻挡物理力量。

这些只是《哈利·波特》系列中魔法咒语的一小部分，每个咒语都有其独特的用途和效果，构成了这个魔法世界的一个重要方面。

接口反馈结果如图5.10所示。

图5.10　获取魔法信息结果

完成测试后，如果一切正常，就可以保存这些配置。系统会自动将API的域名作为这个Action的名称，这有助于在后续的使用中快速识别和调用这个Action。

6. 配置调用 Action 的条件

最后一步是回到"Configure"页面，在"Instructions"部分添加特定的规则，这些规则定义了在何种情况下调用这些新创建的Action。例如，可以添加一条规则："－所有回答都基于GetHouses的结果。"具体如图5.11所示。这意味着当满足某些条件时，系统将自动调用"GetHouses"这个Action。

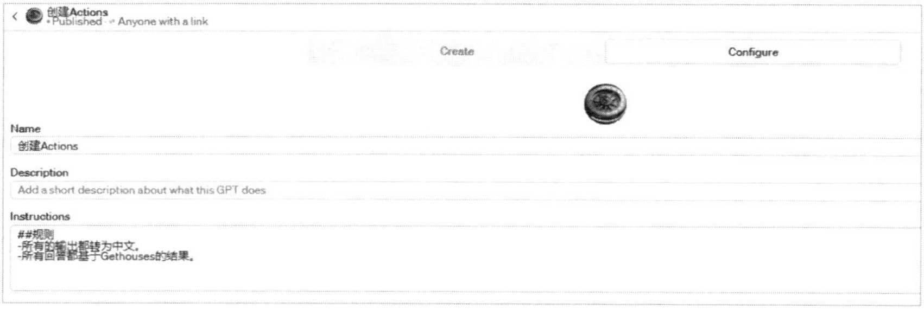

图5.11　配置Actions的规则

完成这些配置，就标志着整个过程的结束。现在，当GPT Builder接收到符合这些条件的请求时，它将自动执行相应的 Action，并返回相关的信息。

通过这些详细的步骤，我们可以创建并配置新的 Action，这些 Action 能够通过 API 获取《哈利·波特》书中的学院和魔法信息。这个过程不仅涉及技术操作，还包括了对隐私政策的考虑，以及如何有效地测试和保存配置。

第6章

使用 Zapier 完成自动作业

在创建动作（Actions）的过程中，与直接使用API接口添加Schema这一技术性较强的方法相比，采用Zapier来进行动作的创建显得更加友好，尤其适合非技术背景的普通用户。使用Zapier，用户可以通过其直观的图形界面，轻松地拖放和配置所需的动作，而无须深入了解复杂的API结构或编写任何代码。这种方法不仅简化了整个创建过程，还完美契合了GPT的零代码（No-Code）创建特征，即使是没有编程经验的用户也能轻松地利用GPT的强大功能，实现自动化和智能化的工作流程。因此，对于追求效率和易用性的用户来说，使用Zapier来创建动作无疑是一个更加简单、直观且高效的选择。

6.1 Zapier 概述

Zapier是一个强大的在线自动化工具，它通过连接各种网络应用程序，帮助个人和企业简化复杂的工作流程。通过Zapier，用户可以创建自动化的"Zaps"，即基于一个应用程序中的特定事件来触发另一个应用程序中的动作。这种无缝的集成和自动化不仅大大提高了工作效率，还减少了重复性任务的时间消耗，使用户能够将更多的精力投入创造性和战略性的工作中。

Zapier 和 GPT 之间的联系主要体现在，Zapier 作为一个自动化工具，能够将 GPT 的强大自然语言处理能力集成到各种工作流程中。这种集成使得 GPT 的先进技术能够更加广泛和便捷地应用于日常业务和个人任务中。

1. Zapier 的特点

Zapier 作为一个强大的自动化工具，其主要特点如下所示。

（1）广泛的应用程序集成。Zapier 支持超过 6000 个应用程序，包括但不限于电子邮件服务、社交媒体平台、CRM 系统、项目管理工具等。这意味着几乎任何常用的网络服务都可以通过 Zapier 进行自动化，从而实现各种应用之间的高效数据流转和任务执行。

（2）直观的用户界面。Zapier 的用户界面设计简洁直观，即使是没有技术背景的用户也能轻松上手。通过几个简单的单击操作，用户就可以设置自己的自动化任务，无须编写任何代码，整个过程既简单又直观。

（3）灵活的自动化 "Zaps"。"Zaps" 是 Zapier 的核心，它们是预设的自动化工作流程。每个 Zap 由一个触发器（Trigger）和一个或多个动作（Action）组成。当触发器中的事件发生时，它会自动启动动作，从而实现任务的自动执行。

（4）多样化的触发器和动作。触发器可以是收到一封新邮件、在社交媒体上发布新内容或在数据库中添加新条目等。而动作则是基于触发器事件所执行的操作，可以是发送邮件、创建日历事件或更新数据库记录等。这种多样化的选择使得 Zapier 能够满足各种复杂场景的自动化需求。

2. Zapier 的优势

（1）提高效率。Zapier 能够自动化处理重复性任务，节省时间，从而让团队专注于更重要的工作。这样可以提高整体的工作效率和产出质量。

（2）无缝集成。通过连接不同的应用程序，打破信息孤岛，提高工作流程的连贯性和效率。这样可以实现跨应用程序的数据流动和任务协调。

（3）易于使用。用户友好的界面和简单的设置过程，使得非技术用户也能轻松创建和管理自动化任务。这降低了技术门槛，使得更多人能够利用自动化工具。

（4）灵活性和可定制性。提供广泛的应用程序选择和灵活的配置选项，满足各种不同的业务需求。这使得 Zapier 可以适应各种规模和类型的业务环境。

6.2 Zapier 使用介绍

Zapier 允许用户通过创建 "Zaps" 来连接和自动化不同的在线应用和服务。用户可以通过简单的图形界面选择触发器（Trigger）和动作（Action），从而无须编程即可构建自动化工作流程。Zapier 支持广泛的应用集成，使得从数据同步到任务自动化等多种复杂过程的处理变得简单高效。

6.2.1 Zapier 注册

下面我们将逐步讲解 Zapier 的注册流程。

1. 访问 Zapier 官网

打开网络浏览器，并在地址栏中输入 Zapier 的官方网址 "https://zapier.com"，然后按回车键。

进入 Zapier 的主页后，展示的是一个专业而直观的网站界面，其中包含了 Zapier 的主要功能、支持的应用程序、用户评价和案例介绍。

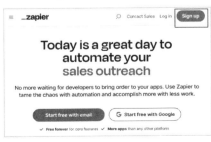

2. 开始注册过程

在 Zapier 主页的右上角，单击 "Sign up" 按钮，如图 6.1 所示，系统会引导至注册页面，这个页面专门用于新用户创建 Zapier 账户。

图 6.1　Zapier 注册

3. 填写注册信息

注册页面要求填写一些基本信息，如图 6.2 所示。

电子邮件地址：需要输入一个有效且常用的电子邮件地址，作为 Zapier 账户的主要联系方式。

密码：为 Zapier 账户设置一个安全的密码，建议使用包含大小写字母、数字和特殊字符的组合，以增强账户安全。

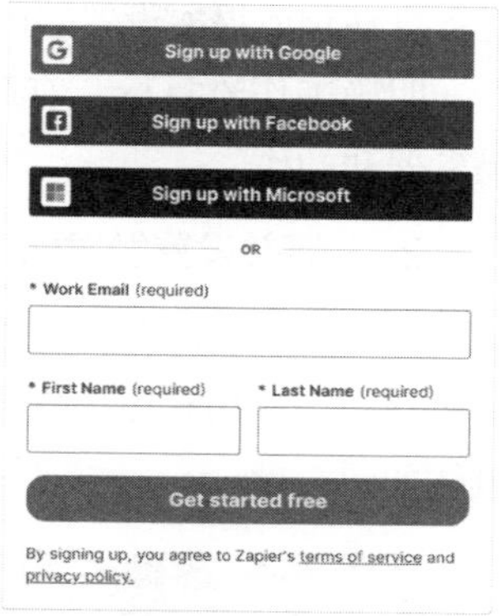

图 6.2　填写注册信息

4. 完成注册并验证邮箱

填写完所有必要信息后，单击"Sign up"按钮完成注册。

注册后，Zapier 会向我们所提供的电子邮件地址发送验证邮件。打开邮箱，检查收件箱，找到 Zapier 发送的验证邮件，并单击邮件中的验证链接。

单击链接后，邮箱地址将被验证，标志着 Zapier 账户注册过程的完成。

5. 登录 Zapier 账户

邮箱验证后，返回 Zapier 主页。

单击右上角的"Log in"（登录）按钮，进入登录页面。在登录页面上，输入注册时使用的电子邮件地址和密码。

输入正确的登录信息后，单击"Log in"进行登录。成功登录后，进入 Zapier 的仪表盘，这是一个功能丰富的界面，用于创建和管理 Zaps。

6.2.2　进行工作流配置

使用 Zapier 进行工作流配置是一个高效的方法，以实现不同应用程序间的自动化交互。这个过程涉及设置触发器和动作，以创建一个称为"Zap"的自动化工作流。以下是进行工作流配置的详细步骤。

1. 确定工作流目标

在开始之前，首先需要明确工作流的目标，这可能包括数据同步、任务自动化或提醒设置等内容。

明确工作流目标，有助于决定哪些应用程序需要集成或者需要配置触发器和动作。

2. 选择并设置触发器

在Zapier平台上，首先选择一个作为工作流起点的触发器。触发器是指在一个应用程序中发生的特定事件，如收到新邮件、新日历事件等，具体如图6.3所示。

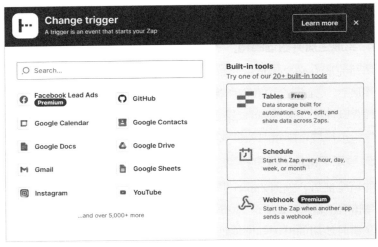

图6.3　Zapier设置触发器

设置触发器时，需要详细配置其条件，确保只有在特定情况下才会激活工作流。

3. 选择并配置动作

触发器设置完成后，选择一个或多个动作。动作是在触发器激活后由另一个应用程序执行的任务，如发送通知、创建文档等，具体如图6.4所示。

配置动作时，需要详细指定执行的具体操作，包括必要的数据输入和预期的结果。

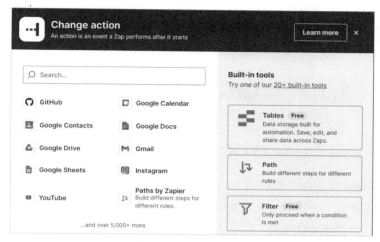

图 6.4　Zapier 配置动作

在 Zapier 中，需要将触发器和动作所涉及的应用程序连接到 Zapier 账户。这通常涉及登录这些应用程序并授权 Zapier 访问相关数据。

4. 测试工作流

在配置完触发器和动作后，需要进行测试以确保工作流按预期运行。Zapier 提供测试功能，可以模拟触发器事件并查看动作能否正确执行。

5. 激活和监控工作流

确认工作流测试成功后，激活该工作流，使其开始运行。

在工作流运行过程中，可以利用 Zapier 提供的监控工具来跟踪其性能，并根据需要进行调整。

6. 维护和优化

随着时间的推移和业务需求的变化，可能需要对工作流进行维护和优化。比如定期检查工作流的效率和准确性，并根据需要更新触发器和动作的配置。

通过 Zapier 进行工作流配置，可以高效实现应用程序间的自动化交互。这个过程不仅简化了任务处理，还提高了工作效率。Zapier 的用户友好界面和强大的集成能力使得工作流配置变得简单且灵活，适合各种规模的业务和个人需求。通过持续的监控和优化，可以确保工作流始终保持高效和相关性。

6.3 Zapier 与 GPTs 零代码集成

6.3.1 使用 Zapier 与 GPTs 集成的优势

Zapier作为一个功能强大的在线自动化工具，在与GPTs集成时具有多项优势。

1. 广泛的应用集成

Zapier的平台支持超过6000个不同的应用，覆盖了从常见的办公软件到专业的业务管理工具的广泛范围。这意味着几乎任何常用的软件都可以通过Zapier与GPTs集成。Zapier提供超过20000种不同的搜索和动作，这使得GPTs能够执行从基本的数据查询到复杂的多步骤操作的各种任务。这种广泛的应用集成使得GPTs可以被用于各种场景，例如，从自动化日常的数据输入和报告生成，到执行复杂的业务流程和决策支持。

2. 无须深入的技术知识

Zapier的界面设计直观易用，使得用户无须深入了解编程或技术细节即可创建和管理自动化任务。流程设计工具通过拖放和简单的配置选项，使得创建自动化任务变得像拼图一样简单。这种设计大大降低了技术门槛，使得非技术背景的用户也能充分利用GPTs的强大功能，扩展其在日常工作中的应用。

3. 自然语言处理能力

结合GPTs的自然语言处理能力，Zapier可以理解用户用自然语言表述的需求。这种能力使得用户与GPTs的交互更加直观和自然，用户可以像与人交谈一样与系统进行交互。GPTs能够理解并执行基于自然语言描述的复杂请求，从而简化了用户的操作过程。

4. 个性化和定制化

用户可以根据自己的具体业务需求和场景定制 GPTs 的动作。这种灵活性意味着每个 GPT 可以被精确地调整以适应特定的工作流程，提供更加个性化的解决方案。定制化的动作使得 GPTs 能够更好地满足特定行业或业务的需求，提高工作效率和效果。

5. 简化的集成和配置过程

在 Zapier 平台上，用户可以轻松监控和调整他们的自动化任务。实时反馈机制使得用户可以根据任务执行的结果和反馈进行即时调整。这种灵活性和反馈机制使得 GPTs 可以根据实际使用情况不断优化其动作，提高自动化任务的效果和准确性。

6. 共享和协作

Zapier 允许用户共享他们创建的自动化任务，使得团队成员可以共同使用和改进这些任务。这种共享机制促进了团队内部的协作，提高了工作效率。 共享的动作可以作为团队或社区的共享资源，以促进知识和经验的传播，提升整个团队的能力。

由此，我们可以看出 Zapier 为 GPTs 创建动作提供的优势不仅在于技术层面的集成和自动化，还包括了提高工作效率、促进团队协作和知识共享等。

6.3.2 将 Zapier 连接到 GPTs

将 Zapier 与 GPTs 进行整合比较复杂，下面我们使用图文来描述如何在 Zapier 中创建并配置一个自动发送 Gmail 邮件的动作，并将其与 GPTs 的 Actions 进行集成。

1. 访问 Zapier 与 OpenAI 的关联页面

打开浏览器，在地址栏中输入 Zapier 与 OpenAI 的关联页面地址（https://actions.zapier.com/gpt/actions）。这个链接地址将直接导航到 Zapier 与 OpenAI 的关联页面，这是整个配置过程的起点，如图 6.5 所示。

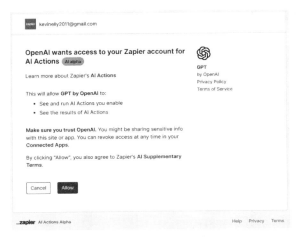

图 6.5　Zapier 与 OpenAI 的关联页面

2. 确认关联并进入 GPT Action 管理页面

在 Zapier 与 OpenAI 的关联页面上，会出现一个确认按钮。用户需要单击 "Allow" 按钮，这一步骤是为了确认并允许 Zapier 与 OpenAI 连接。单击后，页面将跳转到 GPT Action 管理页面，如图 6.6 所示。

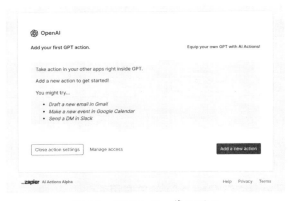

图 6.6　GPT Action 管理页面

3. 添加新的 Action

在 GPT Action 管理页面，用户将看到一个界面，其中包含了一个明

显的"Add a new action"按钮。单击这个按钮,用户将被引导进入一个
新的Action配置页面。在这个页面上,用户可以通过搜索栏输入关键字,
以便快速找到所需的特定Action,如图6.7所示。

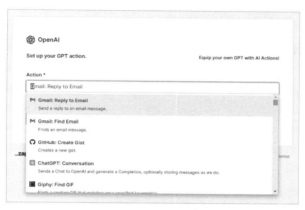

图 6.7　Action 配置页面

4. 选择并配置 Gmail 发送邮件的 Action

在Action配置页面上,用户需要从提供的Action列表中选择"Gmail:
Send Email"这个选项。如果用户之前已经在Zapier中添加了Gmail账号,
那么可以直接选择该账号。如果没有,则需要单击"Connect a new Gmail
account",这将引导用户进入一个新的页面,用于关联Gmail账号,如
图6.8所示。

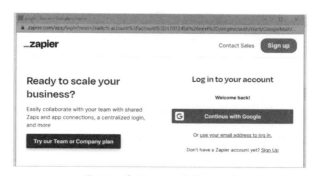

图 6.8　关联 Gmail 账号入口图

5. 关联 Gmail 账号

在关联 Gmail 账号的页面上，用户需要单击 "Continue with Google" 按钮，在打开的新页面中，按照提示登录自己的 Google 账号，如图 6.9 所示。

图 6.9　选择 Gmail 账号

登录 Google 账号后，用户将被引导至一个二次确认页面，如图 6.10 所示。在这里，用户需要再次进行确认，单击 "Yes, Continue to Gmail" 按钮，并在随后出现的权限确认页面上单击允许，以完成 Google（Gmail）账号与 Zapier 的关联。

图 6.10　Gmail 访问权限二次确认

6. 填写邮件信息并完成 Action 配置

完成 Gmail 账号关联后，用户需要回到 Action 配置页面，如图 6.11 所示。在这里，单击 "Refresh" 按钮以刷新页面，并开始填写邮件的详细信息。

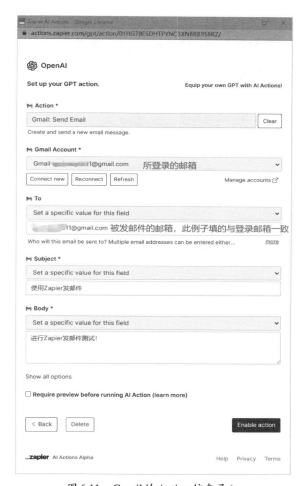

图 6.11　Gmail 的 Action 信息录入

　　用户需要填入"To"（收件人邮箱）、"Subject"（邮件主题）和"Body"（邮件内容）等信息。例如，可以将"To"设置为自己的 Gmail 邮箱，将"Subject"和"Body"选择为"Set a special value for this field"，并设置为固定内容，如"使用 Zapier 发邮件"和"进行 Zapier 发邮件测试！"。

　　用户还可以单击"Show all options"，以打开更多信息填入界面，并在此处填入 Action 的名称，例如"Send Gmail"（此名称后续会用到）。

完成Action配置信息填入后，用户需要记录URL中"action"后面的字符串A（字符串位置如图6.12所示），然后单击"Enable action"按钮。这将使用户返回到OpenAI Action配置页面，并可以在那里确认该Action已成功配置，如图6.13所示。

图 6.12　获取Action编号

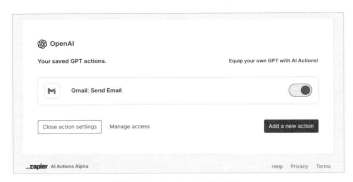

图 6.13　Action配置完成

7. 在GPT配置中创建并导入Action

接下来，用户需要在ChatGPT的相应GPT配置中创建Action。这可以通过单击Action页面的"Import from URL"接口并输入相应的URL（https://actions.zapier.com/gpt/api/v1/dynamic/openapi.json?tools=meta）来完成。"Available actions"中的内容将会自动生成，"Authentication"在保存配置之后重新进来才自动生成，而"Privacy policy"则填入隐私政策地址，如图6.14所示。

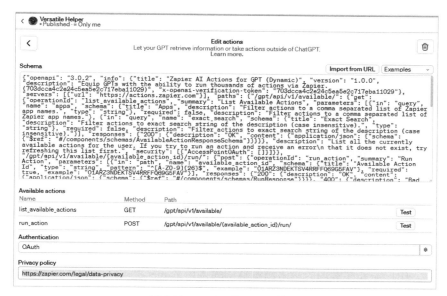

图 6.14　Zapier 的 Action 导入

8. 配置 GPT 的 Instructions

在页面加载完成后，用户需要退回到 "Configure" 页面，并在那里修改 Instructions，增加特定的提示词。例如，当用户提及 "发邮件" 时，触发 REQUIRED_ACTIONS 动作。其中包括 Action 名称 "Send_Gmail" 和之前记录的字符串 A，具体如下所示。

```
### 处理 Actions 的提示词：
- 当用户提及 "发邮件" 的时候，触发 REQUIRED_ACTIONS 动作。
REQUIRED_ACTIONS:
- Action: Send_Gmail
{available_action_id}:01HG84VQ1NEASSEKYZ0H2ZPOFY
```

通过以上步骤，用户可以完成从 GPT 调用 Zapier 的 Actions 的整个配置过程。当用户在 GPT 界面输入相关指令（如 "发邮件"）时，GPT 会根据配置的动作，通过 Zapier 发送邮件。这个过程实现了 GPT 与 Zapier 的高效集成，使得自动化邮件发送变得简单且高效。

6.4 利用 Zapier 完成的 Actions 应用实例

以上提及的自动发送邮件只是Zapier自动作业中的一个常见例子，除此之外，Zapier还有很多的自动化应用可以被GPT调用。下面我们来举几个典型例子，使读者可以举一反三。由于后面的GPT调用都与上一节的例子大同小异，不同Action的主要区别在于Zapier与应用集成的部分，因此，为了节省篇幅，我们只对Zapier与具体应用集成部分进行说明。

6.4.1 使用 Zapier 搜索电子邮件

添加搜索电子邮件的动作及测试如下所示。

1. 访问 OpenAI Actions 列表页面

用户需要在常用的网络浏览器中输入由Zapier提供的用于与ChatGPT对接的网址（目前该网址为"https://actions.zapier.com/gpt/actions/"），

这将导航至 OpenAI Actions 的列表页面。在这个页面上，用户会看到一个明显的"Add a new action"按钮，这个按钮用于添加新的动作。单击此按钮，用户将被引导至一个新的页面，用于选择和配置不同的动作，如图6.15所示。

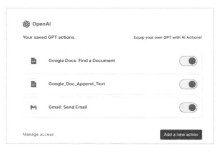

图 6.15 添加 Action

2. 选择并配置 Gmail 动作

在动作选择页面上，用户需要从提供的多种动作选项中选择"Gmail：Find Email"动作，如图6.16所示。这个特定的动作允许用户通过 Zapier 在 Gmail 中查找特定的电子邮件。选择"Gmail：Find Email"动作之后，用户进入其配置页面可以看到多个配置选项，如图6.17所示。在"Search String"选项中，用户应选择"Have AI guess a value for this field"，这样做是允许 AI 根据上下文猜测搜索字符串，Action 命名为 "Gmail：Find Email"。完成这些设置后，用户需要单击页面底部的 "Done" 按钮，以完成该动作的添加，如图 6.17 所示。

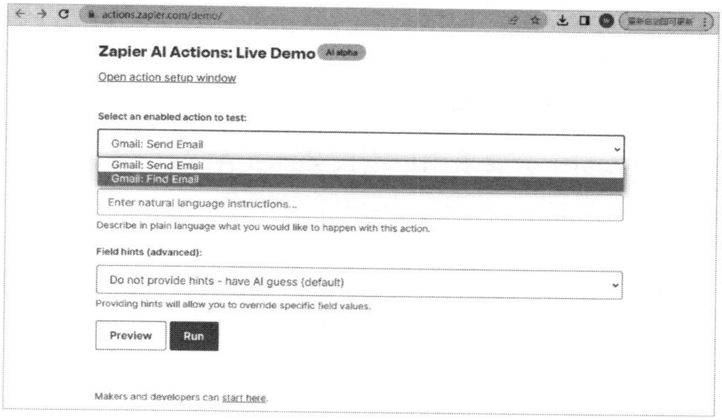

图 6.16　添加 Gmail Action

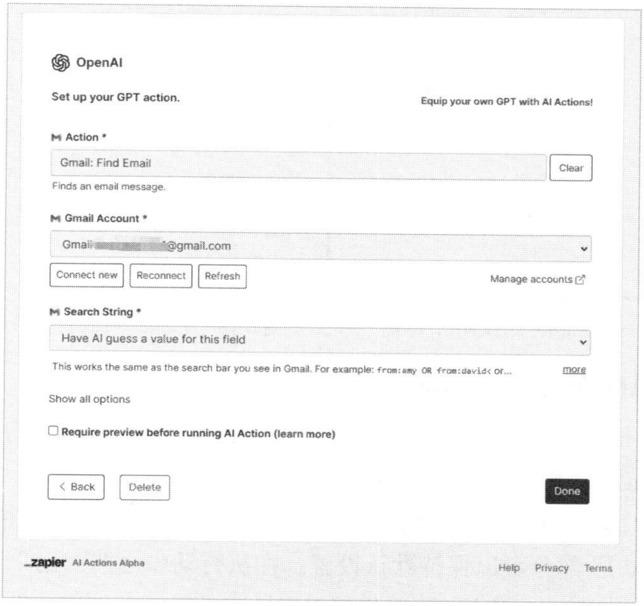

图 6.17　Gmail Action 配置

3. 测试新添加的 Gmail 动作

完成动作的添加之后，用户可以立即在 Zapier 页面进行测试。为了进行测试，用户需要访问一个专门用于测试Actions 的页面（目前网址为"https://actions.zapier.com/demo/"）。登录后，单击"Open action set up window"按钮，进入测试动作列表页面，并确保"Gmail：Find Email"动作处于开启状态，如图6.18所示。在初次访问测试页面时，为了确保安全性和功能性，Zapier 会要求用户授权 Zapier AI Actions 的链接权限。在页面出现的提示（见图6.19）下，用户需要单击"Allow"按钮，以授权并继续测试过程。

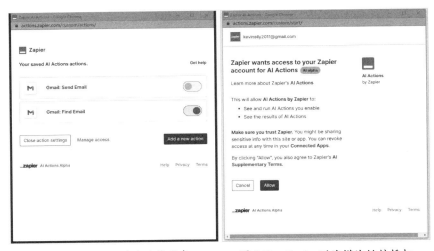

图 6.18　Zapier测试动作列表　　　图 6.19　Zapier测试模块链接授权

4. 执行和预览测试结果

在测试页面上，用户首先需要从列表中选择刚刚添加的"Gmail：Find Email"动作。接下来，用户需要在"Instructions"字段中输入相应的提示词，这些提示词将指导 AI 如何执行动作。同时，"Field hints（advanced）"部分可以保持默认设置。在执行动作之前，用户可以单击"Preview"按钮，这将展示 AI 如何根据输入的提示词解释并准备执行动

作，如图6.20所示。如果用户对 AI 解释的结果感到满意，可以直接单击
"Run"按钮来执行动作并获取结果，该测试结果如图6.21所示。如果需
要对解释后的操作命令进行修改，用户可以单击"Edit"按钮进行调整。

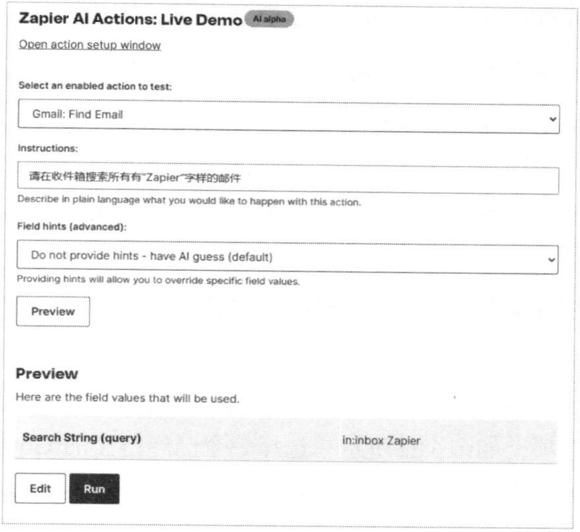

图 6.20　查找 Gmail 邮件 Action 的测试输入

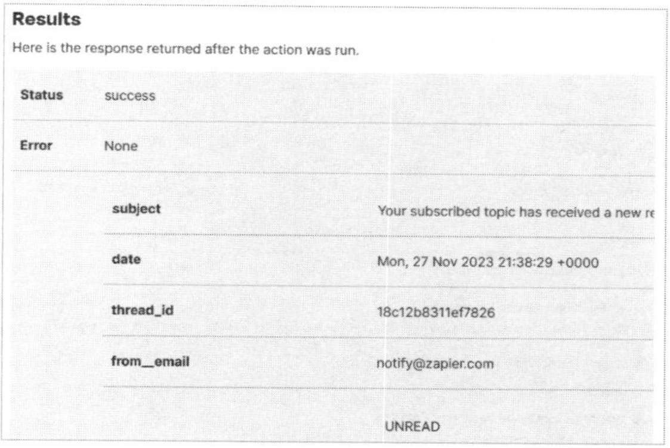

图 6.21　查找 Gmail 邮件 Action 的测试结果

通过上述详细步骤，用户不仅能够成功地添加一个新的搜索邮件动作，

还能通过在线测试页面快速预览并验证其执行效果，确保动作按预期工作。

6.4.2　使用 Zapier 查找 Google 文档

添加查找Google文档的动作，步骤如下所示。

1. 访问 GPT Action 配置页面

打开网络浏览器，在地址栏中输入由Zapier提供的用于与ChatGPT对接的网址（目前该网址为"https://actions.zapier.com/gpt/actions/"），这会导航至 GPT Action 管理页面。在管理页面上，单击"Add a new action"按钮，进入到 Action 配置页面。

2. 选择并配置添加 Google 文档内容的动作

在 Action 配置页面上，在文本输入框中输入"Google Docs"作为关键字，以快速定位到相关动作。从搜索结果中选择"Google Docs：Find a Document"选项，如图 6.22 所示。选择一个已经链接的 Google 文档账号或进行新的账号鉴权。在配置选项中，对于"Document Name"字段，选择"Have AI guess a value for this field"作为设置，然后将"Action Name"设置为"Google_Doc_Find"，如图 6.23 所示。完成设置后，单击"Done"按钮以完成该动作的添加。

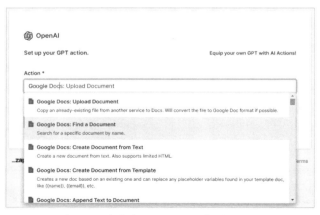

图 6.22　查找定位Google文档的Action

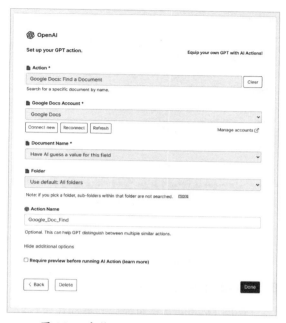

图 6.23　定位 Google 文档的 Action 配置

3. 测试 Google 文档添加内容动作

添加动作完成后，进入该动作的测试页面。输入测试提示词，例如"请找出名叫'GPTs应用实战'的文件"，然后单击"Preview"按钮来执行动作并获取结果，如图 6.24 所示。

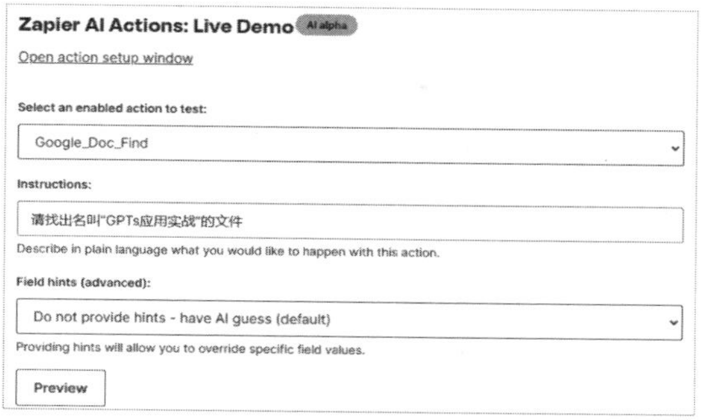

图 6.24　定位 Google 文档的 Action 测试结果

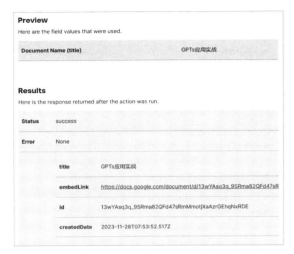

图6.24　定位Google文档的Action测试结果（续）

4. 查看和验证 Google 文档

测试完成后，访问 Google 文档页面以验证动作执行效果。在 Google 文档页面上，查看是否成功找到名为"GPTs 应用实战"的文档，如图6.25 所示。

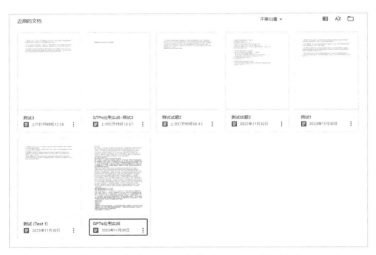

图6.25　定位Google文档的Action验证结果

通过以上步骤，用户可以成功地添加并测试一个用于查找Google文档的动作，实现在实际应用中利用GPT动作来自动查找Google文档的操作。

6.4.3　使用 Zapier 新建 Google 文档

添加新建Google文档的动作，步骤如下所示。

1. 访问 GPT Action 配置页面

打开网络浏览器，在地址栏中输入由Zapier提供的用于与ChatGPT对接的网址，这将导航到 GPT Action 管理页面。在该页面上，单击"Add a new action"按钮，进入到 Action 配置页面。

2. 选择并配置 Google 文档创建动作

在 Action 配置页面上，在文本输入框中输入"google doc"作为关键字，以便从提供的 Action 列表中快速找到所需的动作。在列表中选择"Google Docs：Create Document from Text"选项，如图6.26所示。接下来，选择一个已经链接的 Google 文档账号或进行新的账号鉴权。在配置选项中，对于"Document Name"和"Document Content"字段，都选择"Have AI guess a value for this field"作为设置，如图6.27所示。完成这些步骤后，单击"Done"按钮以完成该动作的添加，并命名为"Google_Doc_Create_Text"。

图 6.26　查找创建Google文档的 Action

图6.27　创建Google文档的Action配置

3. 测试 Google 文档创建动作

添加动作完成后，进入该动作的测试页面。在测试页面上，输入文档的名称和内容进行测试。例如，在Instruction中输入"新增一篇文档，标题是'GTPs应用实战'，内容是'GTPs介绍'"，单击"Preview"按钮来执行动作并获取结果，如图6.28所示。

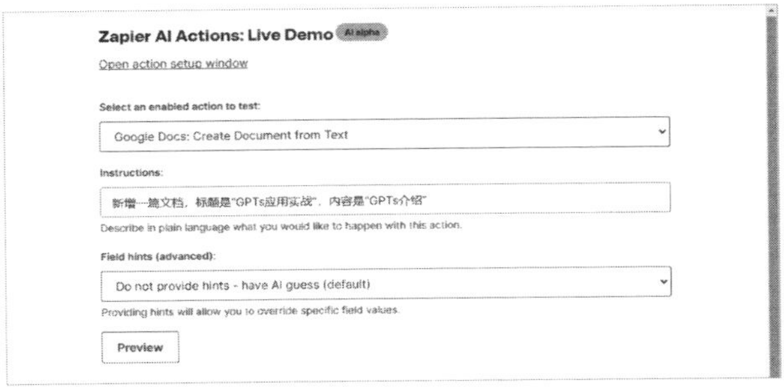

图6.28　创建Google文档的Action测试结果

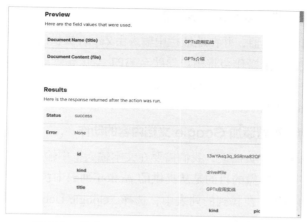

图 6.28　创建 Google 文档 Action 测试结果（续）

4. 查看和验证 Google 文档

测试完成后，为了验证动作的执行效果，我们需要访问 Google 文档页面。在该页面，查看是否成功创建了名为"GPTs 应用实战"的文档，可以看到其中包含了"GPTs 介绍"的内容，如图 6.29 所示。

图 6.29　创建 Google 文档的 Action 验证结果

通过这些步骤，用户可以成功地添加并测试一个用于从文本创建 Google 文档的动作，从而在实际应用中利用 GPT 动作来实现自动化创建文档。

6.4.4　使用 Zapier 添加 Google 文档内容

添加 Google 文档内容的动作，步骤如下所示。

1. 访问 GPT Action 配置页面

打开网络浏览器，并在地址栏中输入由 Zapier 提供的用于与 ChatGPT 对接的网址。这个操作会将用户导航至 GPT Action 管理页面。在这个页面上，用户会看到一个"Add a new action"按钮。单击这个按钮，将被引导进入 Action 配置页面。

2. 选择并配置添加 Google 文档内容的动作

在 Action 配置页面上，我们需要在文本输入框中输入"Google Docs"作为关键字。这样做的目的是从提供的 Action 列表中快速找到与 Google 文档相关的动作。在找到的列表中，选择"Google Docs：Append Text to Document"选项，如图 6.30 所示。接下来，我们要选择一个已经链接的 Google 文档账号或进行新的账号鉴权。在配置选项中，对于"Document Name"和"Text to Append"字段，应选择"Have AI guess a value for this field"作为设置，并将该动作命名为"Google_Doc_Append_Text"。这些步骤完成后，单击"Done"按钮以完成该动作的添加，如图 6.31 所示。

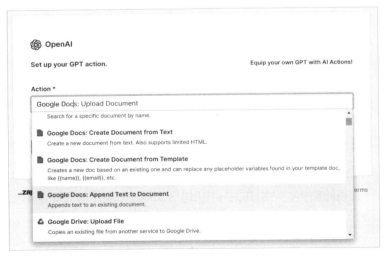

图 6.30　查找添加 Google 文档内容的 Action

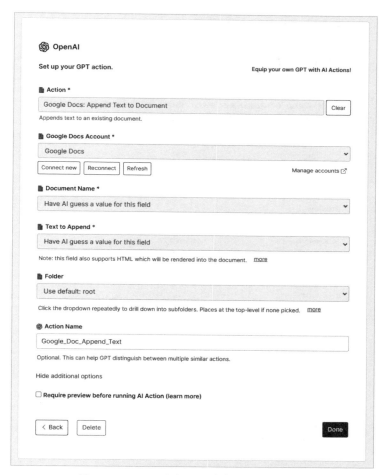

图 6.31　Google 文档添加内容的 Action 配置

3. 测试 Google 文档添加内容动作

　　添加动作完成后，我们进入该动作的测试页面。在测试页面上，输入提示词来测试添加内容动作到 Google 文档的功能。例如，可以输入"在文档名称输入为'GPTs 应用实战 – 测试 2'的文档中，添加内容'测试使用 Zapier 添加 Google 文档内容'"后，单击"Preview"按钮来执行动作并获取结果，如图 6.32 所示。

Zapier AI Actions: Live Demo [AI alpha]

Open action setup window

Select an enabled action to test:

Google_Doc_Append_Text

Instructions:

在文档名称输入为"GPTs应用实战-测试2"的文档中，添加内容"测试使用Zapier添加Google文档内容"

Describe in plain language what you would like to happen with this action.

Field hints (advanced):

Do not provide hints - have AI guess (default)

Providing hints will allow you to override specific field values.

Preview

Preview

Here are the field values that were used.

| Document Name (file) | GPTs应用实战-测试2 |
| Text to Append (text) | 测试使用Zapier添加Google文档内容 |

Results

Here is the response returned after the action was run.

Status	success
Error	None
	title	GPTs应用实战-测试2
	embedLink	https://docs.google.com/
	id	1Awk5lcHB0_wKa_XBByD
	createdDate	2023-12-01T00:42:57.95

图6.32　Google文档添加内容的Action测试结果

4. 查看和验证 Google 文档

测试完成后，为了验证动作的执行效果，我们需要访问 Google 文档页面。在该页面上，我们可以查看名为"GPTs应用实战–测试2"的文档，并确认是否成功添加了"测试使用Zapier添加Google文档内容"的内容，如图6.33所示。

图 6.33　Google 文档添加内容的 Action 验证结果

通过这些步骤，用户可以成功地添加并测试一个用于向 Google 文档添加内容的动作，从而可以在实际应用中利用 GPT 动作来自动化文档内容的添加。

6.4.5　使用 Zapier 创建 Google 日历事件

使用Zapier创建Google日历事件，步骤如下所示。

1. 访问 GPT Action 配置页面

首先，使用任何网络浏览器打开新的标签页或窗口。然后，在地址栏中输入由Zapier提供的用于与ChatGPT对接的网址，这将导航至 GPT Action 管理页面。在该页面上，用户需要单击"Add a new action"按钮，这将引导他们进入 Action 配置页面。

2. 选择并配置创建 Google 日历事件的动作

在 Action 配置页面上，用户应在文本输入框中输入"Google Calendar"作为关键字，目的是从提供的 Action 列表中快速找到创建 Google 日历事件的动作。在列表中，选择"Google Calendar：Create Detailed Event"选项，如图6.34所示。随后，用户需要选择一个已经链接的 Google Calendar 账号或进行新的账号鉴权。在配置选项中，对于"Calendar""Start Date & Time""End Date & Time"等字段，都应选择"Have AI guess a value for this field"作为设置，如图6.35所示。完成这些步骤后，单击"Done"按钮以完成该动作的添加，并命名为"Google_Calendar_Create_Detailed_Event"。

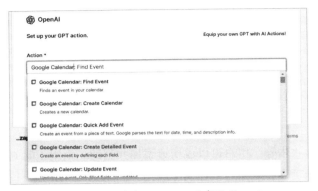

图6.34　查找创建Google日历事件的Action

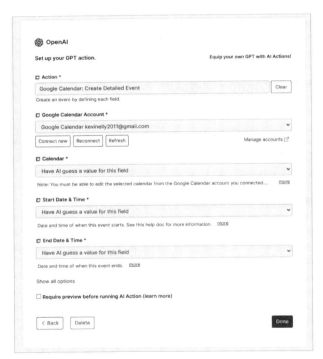

图6.35　创建Google日历事件的Action配置

3. 测试创建 Google 日历事件的动作

动作添加完成后，用户应进入该动作的测试页面。在测试页面上，用户需要输入提示词来测试创建事件的功能。例如，可以输入"在测试日历创建一个会议，明天上午10：00开始，历时45分钟"后，单击"Preview"按钮来执行动作并获取结果，如图6.36所示。

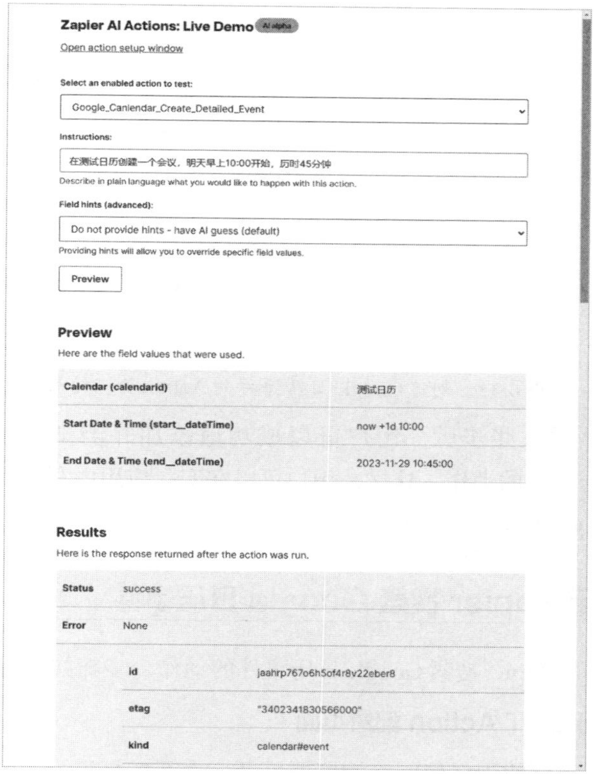

图 6.36　创建 Google 日历事件的 Action 测试结果

4. 查看和验证创建的 Google 日历事件

测试完成后，为了验证动作的执行效果，用户应输入链接"https://calendar.google.com/calendar"来访问 Google 日历页面。在该页面，用户需要检查是否成功创建了指定的事件，例如，假设当前日期为2023年11月28日，那么可检查第二天（2023年11月29日）上午10：00至10：45的会议，如图6.37所示。

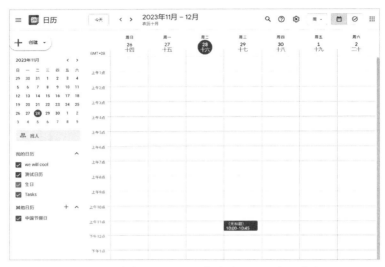

图 6.37　创建 Google 日历事件的 Action 验证结果

通过遵循这些步骤，用户可以成功地添加并测试一个用于创建 Google 日历事件的动作。这样，用户可以在实际应用中利用 GPT 动作来自动化 Google 日历事件的创建过程。

6.4.6　使用 Zapier 搜索 Google 日历事件

创建使用 Zapier 搜索 Google 日历事件的动作，步骤如下所示。

1. 访问 GPT Action 配置页面

首先，需要使用任何网络浏览器打开一个新的标签页或窗口。然后，在地址栏中输入由 Zapier 提供的用于与 ChatGPT 对接的网址。这个操作会将用户导航至 GPT Action 管理页面。在这个页面上，用户将看到一个 "Add a new action" 按钮，单击这个按钮会引导他们进入 Action 配置页面。

2. 选择并配置搜索 Google 日历事件的动作

在 Action 配置页面上，用户需要在文本输入框中输入 "Google Calendar" 作为关键字。这样做的目的是从提供的 Action 列表中快速找到与 Google 日历事件相关的动作。在找到的列表中，选择 "Google

Calendar：Find Event"选项，如图 6.38 所示。接下来，用户需要选择一个已经链接的 Google Calendar 账号或进行新的账号鉴权。在配置选项中，对于"Calendar"字段，应选择"Have AI guess a value for this field"作为设置，如图 6.39 所示。这些步骤完成后，单击"Done"按钮以完成该动作的添加。

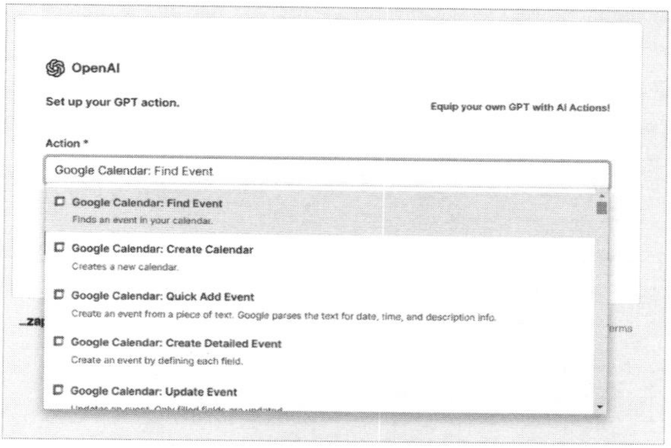

图 6.38　查找搜索 Google 日历事件的 Action

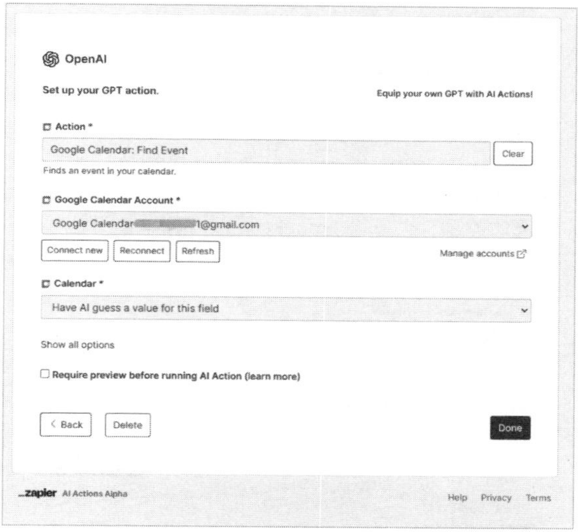

图 6.39　搜索 Google 日历事件的 Action 配置

3. 测试搜索 Google 日历事件的动作

添加动作完成后，用户应进入该动作的测试页面。在测试页面上，用户需要输入提示词来测试搜索事件的功能。例如，可以在"Action Name"中输入"Goole Calendar: Find Event"，以返回所有日历事件，单击"Enable action"按钮来执行动作并获取结果，如图6.40所示。

图 6.40　搜索 Google 日历事件的 Action 测试

4. 查看和验证搜索 Google 日历事件

测试完成后，为了验证动作的执行效果，我们需要访问 Google 日历页面。在该页面上，可以查看并确认第二天的事件，以验证搜索结果的准确性。

通过这些步骤，用户可以成功地添加并测试一个用于搜索 Google 日历事件的动作，从而在实际应用中利用 GPT 动作来自动化搜索 Google 日历事件的过程。

第3篇
GPTs实战

　　本篇通过五个实战案例，引导读者从简单到复杂逐渐深入GPTs的世界。本篇起始于基础内容，详细讲解了如何创建GPT实例并进行配置修改，为初学者提供了坚实的基础。随后，本篇逐步引入更高级的技术，包括利用Zapier创建Actions和利用知识库来增强GPT的功能，以及直接调用外部接口实现更复杂的操作。从基础的LOGO制作助手到复杂的插图助手，这些实例能够使读者一步一步地掌握GPT的制作技巧，从而全面提升在GPT应用开发方面的能力。

第7章

搭建 LOGO 制作助手 GPT

本章我们将学习如何创建一个相对简单的 GPT 应用——LOGO 制作助手。我们将从最基础的创建定制化 GPTs 开始，涵盖修改 Configure 中的普通配置，然后进入调试和发布阶段。这一过程初步介绍了建立 GPTs 的基本步骤，并展示了完成一个简单 GPT 应用的整个流程。

7.1 LOGO 制作助手介绍

在数字化和视觉驱动的商业环境中，LOGO 不仅是品牌识别的关键，也是传达企业价值和理念的重要媒介。LOGO 制作助手 GPT 旨在通过先进的人工智能技术，革新传统的 LOGO 设计流程，提供快速、高效且创新的设计解决方案。

1. LOGO 制作助手 GPT 实例的学习目标

通过搭建 LOGO 制作助手 GPT，我们可以学习到如下内容。

（1）如何去创建一个定制化 GPT。

（2）如何通过对话交互窗口去配置一个定制化 GPT 的基本信息，包括名称、用途、图标。

（3）如何在对话交互窗口去针对一个定制化 GPT 的用途来完成更加

个性化的配置。

（4）如何对创建后的这个定制化GPT进行测试及修改。

2. LOGO 制作助手 GPT 的任务目标

我们所需要搭建的LOGO制作助手的任务目标如下所示。

（1）提升设计效率。LOGO制作助手GPT的首要任务是显著提高设计效率。在传统设计流程中，从概念构思到最终成品，设计师需要投入大量时间和精力。GPT通过自动化初步设计草图的生成，减少了手动绘制的需求，使设计师能够更快地迭代和完善设计方案。

（2）激发创意和灵感。除了提高效率，LOGO制作助手GPT还致力于成为设计师的创意伙伴。通过分析大量的设计案例和当前趋势，GPT能够提供多样化的设计灵感，帮助设计师突破创意限制，探索新的设计可能性。这种创意支持不仅限于视觉元素，还包括颜色搭配、字体选择和布局构思。

（3）满足用户定制化需求。LOGO制作助手GPT的另一个关键任务是满足用户的定制化需求。通过与用户的互动，GPT能够理解特定的设计要求和品牌特性，生成符合个性化需求的LOGO设计。这种定制化服务特别适合那些寻求独特品牌形象的小型企业和初创公司。

（4）提供交互式设计体验。为了提供更加人性化的设计体验，LOGO制作助手GPT强调与用户的交互。用户可以通过简单的对话或输入关键词，指导GPT生成符合其风格和偏好的LOGO设计。这种交互不仅使设计过程更加直观，还增加了用户对最终设计成品的满意度。

总之，LOGO制作助手GPT的任务目标是利用人工智能技术，为设计师和品牌提供一个高效、创新且用户友好的LOGO设计工具。通过自动化设计流程、激发创意灵感、满足定制化需求和提供交互式体验，GPT旨在成为设计行业的革新者和助力者。

3. LOGO 制作助手 GPT 的使用场景

LOGO制作助手GPT可以应用于很多种场景，主要的有以下几种。

（1）商业品牌设计。LOGO制作助手GPT能够理解企业的品牌核心价值和市场定位，快速生成与之相符的 LOGO 设计。这对于塑造和维护企业的品牌形象至关重要。无论是处于创业初期的公司，还是需要更新品牌形象的成熟企业，GPT 都能提供适合其发展阶段的 LOGO 设计方案。GPT 通过分析大量的设计案例和趋势，能够提供多种风格和类型的 LOGO 设计方案，满足不同企业的需求。企业可以根据自身品牌策略和市场反馈，与 GPT 互动，调整和优化 LOGO 设计，确保最终成品完美契合品牌定位。

（2）个性化定制服务。对于追求独特性的客户，LOGO 制作助手 GPT 能够根据用户的描述或关键词，创造出反映个人品位和风格的 LOGO 设计。GPT 通过先进的自然语言处理技术，能够深入理解用户的设计意图和偏好，从而生成更加个性化和符合期望的 LOGO 设计。用户无须具备专业的设计技能，只需提供简单的描述或关键词，GPT 即可开始设计过程，这大大降低了设计门槛。通过参与设计过程，用户能够感受到更加亲密和个性化的服务体验，增强了对最终设计成品的满意度和归属感。

（3）在线设计平台。将 LOGO 制作助手 GPT 集成到在线设计平台，可以为用户提供快速、便捷的 LOGO 设计服务。这种集成不仅提高了平台的用户体验，还能吸引那些寻求高效、专业设计解决方案的客户。

（4）平台用户体验的优化。用户可以在平台上即时获取 GPT 生成的 LOGO 设计，根据需要进行反馈和修改，实现快速迭代。优秀的设计体验和高效的服务流程能够增加用户对平台的忠诚度和回访率。

LOGO 制作助手 GPT 的使用场景非常广泛，它不仅能够在商业品牌设计中提供专业的 LOGO 方案，还能满足个性化定制的需求，并且可以无缝集成到在线设计平台，提供即时的设计服务。GPT 的这种强大设计能力和灵活性，使其成为不同领域用户的理想选择。

4. LOGO 制作助手 GPT 的目标用户

LOGO 制作助手 GPT 的目标用户群体广泛，主要包括以下几类用户。

（1）设计师。

LOGO 制作助手 GPT 能够迅速生成多种 LOGO 草图，为设计师提供丰富的初步概念。这大大减少了从零开始的时间和努力，使设计师能够更快地进入细化和完善设计的阶段。

GPT 提供的多样化设计选项可以激发设计师的创意思维，帮助他们打破常规，探索新的设计可能性。对于复杂或要求高的设计项目，GPT 可以通过提供创新的设计方案和自动化某些设计过程来减轻设计师的负担。设计师可以与 GPT 协作，不断迭代和优化设计，确保最终成品的质量和创意。

（2）小型企业主。

对于预算有限的小型企业主，GPT 提供了一种经济高效的 LOGO 设计方案。即使是没有设计背景的企业主也可以利用 GPT 获得专业水准的 LOGO 设计，提升品牌形象。

企业主可以即时向 GPT 提供反馈，快速调整设计方案，确保 LOGO 符合企业的品牌策略和市场定位。在快速变化的商业环境中，GPT 能够迅速响应企业的设计需求，帮助他们保持竞争力。

（3）创意爱好者。

LOGO 制作助手 GPT 的用户友好性使得即使是设计新手也能轻松创建 LOGO，探索不同的设计风格和元素。GPT 提供的多样化设计选项可以激发爱好者的创意思维，帮助他们发现和培养自己的设计潜能。对于创意实验设计爱好者，可以利用 GPT 尝试各种风格和设计理念，无须担心技术限制或成本问题。GPT 允许用户根据个人喜好和创意想法定制 LOGO，实现个性化创作。

7.2 LOGO 制作助手搭建步骤

7.2.1 进入创建 GPT 页面

登录 ChatGPT 后，我们按照以下步骤来创建 LOGO 制作助手 GPT。

（1）单击左边菜单栏中的 "Explore" 按钮：这一步是进入创建流程的

开始。我们首先需要登录到 ChatGPT 平台。登录后，界面左侧会出现一个菜单栏。在这个菜单栏中，有一个名为"Explore"的按钮。单击这个按钮，用户将被引导进入一个新的页面，即"My GPTs"的主界面。这个界面是用户创建和管理自己的 GPT 模型的中心，具体如图 7.1 所示。

图 7.1　My GPTs 主界面

（2）单击上方的"+"按钮：在"My GPTs"界面的上方，用户会看到一个带有"+"标记的按钮。这个按钮的设计是为了引导用户开始创建新的 GPT 模型。单击这个按钮后，我们将进入一个新的页面，即创建 GPT 的互动界面。这个界面是专门用来设置和定制 GPT 模型的，具体如图 7.2 所示。

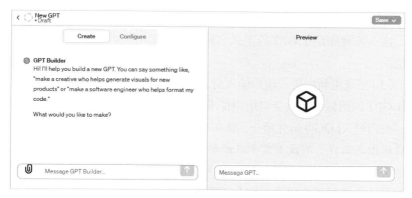

图 7.2　创建 GPT 页面

7.2.2　在交互页面初步配置

1. 设定语言和功能

（1）用户指令。我们可以在对话窗口中输入用户指令，来设定GPT的交流语言，例如：

请全程使用中文与我交流。我要创建一个LOGO制作助手，它将根据用户的需求帮助他们一步一步创建需要的LOGO。

这一指令不仅设定了交流的语言为中文，以便于更好的沟通和理解，而且明确了GPT的主要用途，即作为一个辅助工具来协助用户设计LOGO。

（2）系统响应。输入用户指令后，我们按回车键后，系统将信息更新到配置中，并回复：

好的，我建议将这个GPT命名为"创意 LOGO 助手"。您觉得这个名字怎么样？

这显示了系统对用户需求的理解，并提出了一个合适的名称建议，同时询问用户对这个建议的看法。

2. 选择和确认名称

（1）选择名称。结合系统给出的名字，我们对其进行优化，选出一个合适的名称。我们可以在对话窗口中输入以下内容：

请将其命名为"LOGO 制作助手"。

这一步骤固定了GPT的正式名称，反映了用户对GPT功能的期望和定位。

（2）系统更新配置。用户输入后，系统更新配置，并利用DALL·E 3制作GPT的图标，随后会向用户征求意见。系统可能会给出以下问询：

我们的"LOGO 制作助手"现在有了一个新的形象，如您所见。您觉得这张图怎么样？有没有需要改进的地方？

这句回复展示了系统对用户输入的响应，并提供了一个初步的GPT图标设计，同时征求用户对这个新形象的意见。

3. 修改图标设计

（1）用户需求输入。若系统生成的图标未能满足预期，我们可以在对话窗口中输入命令让其重新生成，例如输入以下内容：

请重新创建一个简洁、线条清晰的复古风格图标。

这一指令明确了用户对图标风格和特征的具体要求，希望得到一个更符合预期的设计。

（2）系统生成新图标。系统会根据用户的输入继续生成图标，用户确认后，系统会展示新创建的图标，并给出反馈：

我们已经创建了一个新的简洁且线条清晰的复古图标。您觉得这个图标怎么样？是否满足您的要求，或者还需要进一步调整？

我们随后在对话窗口中输入肯定回答并确认，系统便会将新图标更新到 GPT 配置中，完成图标的定制过程。

4. 设定互动风格

（1）选择互动风格。系统更新图标后，会继续询问用户，例如以下内容：

接下来，让我们继续完善这个 GPT 的行为和功能。您希望它在与用户互动时应该关注哪些方面或避免哪些行为？例如，它是应该更专注于提供创意想法，还是应该提供具体的设计建议？

我们需要指示系统在与用户互动时，应更加侧重于提供具体的设计建议，如颜色搭配、图形选择和字体推荐，以帮助用户实现他们的设计目标。因此，我们可以给出以下回应：

请提供具体的设计建议。

（2）系统更新用户的指令到配置后，会给出反馈：

了解了。我们的"LOGO 制作助手"将专注于提供具体的设计建议，以帮助用户实现他们的设计目标。

这一步骤确认了 GPT 将专注于提供具体的设计建议，确保每个提议都精确地符合用户的设计目标。通过这种方法，系统能够有效地满足用户的具体需求，帮助他们实现理想的设计成果。

5. 定制交流风格

为了营造友好的沟通氛围及让交流更加轻松，我们可以选择一种随和的互动风格，以更好地满足用户的需求和期望。因此我们可以输入以下内容：

我希望它的语言风格相对随和。

系统更新用户的选择后，给出反馈：

太好了！我们的"LOGO 制作助手"现在将以随和的方式与用户进行交流，创造一个友好而轻松的环境，同时避免使用过于专业或复杂的术语。

这一步骤是为了确保 GPT 的语言风格和沟通方式与用户的期望相匹配，从而增强用户与系统之间的交流效果。这种调整有助于营造更友好、更轻松的沟通氛围，提升用户对系统的满意度。

6. 处理模糊指令

针对模糊指令的处理方式，我们选择直接提出问题来了解用户意图，以确保 GPT 能够准确理解用户的需求和意图。这种做法有助于消除可能的误解，并确保 GPT 能够有效地满足用户的需求，提高用户满意度。因而可以输入以下内容：

遇到不清晰的指令时，请直接提出问题以求弄清楚。

这一做法旨在确保 GPT 能够准确理解用户的需求和意图。

系统更新配置后，可能会给出以下反馈：

我们的"LOGO 制作助手"在遇到不清晰的指令时能够直接提出问题，以确保准确理解用户的需求和意图。

7. 确定 GPT 个性

在确定 GPT 的个性时，我们需要考虑到 LOGO 设计的特点，希望系统展现出更多的耐心，以便耐心地引导用户，并提供独特而实用的设计建议。这样的个性特征将有助于建立更有亲和力的用户体验，同时增强用户对 GPT 的信任。因此可以输入以下要求：

我希望这个 GPT 在个性回答上表现出更多的耐心。

系统会据此更新配置，并给出回答：

我们的"LOGO 制作助手"现在将展现出耐心，耐心地引导用户，即使面对复杂或挑战性的设计要求，也能够提供独特而实用的设计建议。

8. 完成基础配置

至此，用户完成了 LOGO 制作助手 GPT 的基础配置，可以向系统输入以下内容：

好的，我们开始使用。

系统据此确认完成了所有设置，并准备好与用户进行交流。

9. 保存配置

通过系统交互窗口完成 LOGO 制作助手 GPT 的配置之后，我们可以查看到系统的名称及图标已经按照我们的配置进行了更新，如图 7.3 所示。单击右上角的"Save"按钮，在弹出的下拉菜单中选中"Only me"单选按钮，单击"Confirm"按钮以保存该最新配置。

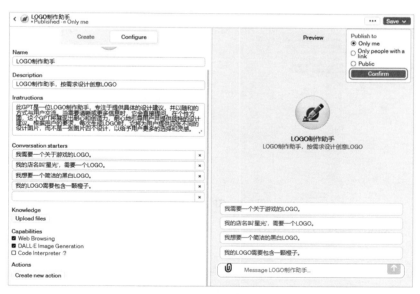

图 7.3 GPT 创建结果

至此，我们使用交互页面完成了创建一个 LOGO 制作助手 GPT，并对相关的配置进行了设定和更新。

7.3 / LOGO 制作助手测试

7.3.1 预览测试与调整

在完成LOGO制作助手GPT的创建和配置之后，我们可以在同一页面的右侧预览窗口（Preview）中对该GPT进行测试。如果在测试过程中出现输出与预期不一致的情况，我们可以立即通过页面左侧的交互界面与GPT进行交流，以进行相应的调整，如图7.4所示。接下来，我们将具体列出在此GPT中进行的预览测试和所做的内容调整。

图 7.4　GPT 测试模式

以汽车修理店的LOGO为例，我们可以先在预览窗口的对话框中输入：

我准备开一间汽车维修店，想要制作一个LOGO。

LOGO制作助手可能会给出以下回应：

太好了！您的汽车维修店LOGO设计需要考虑几个关键元素。首先，我们来讨论一下您的店铺特色和理念，这些都可以在LOGO设计中体现出来，例如以下内容。

店铺名字和标语：您的店铺名字是什么？有没有特别的标语或口号？

风格和颜色：您希望 LOGO 的整体风格是现代的、复古的，还是更具技术感？您偏好哪些颜色组合？

符号和图形：是否有特定的汽车或工具图形，比如汽车轮胎、扳手等，您想要在 LOGO 中体现什么图形？

目标客户：您的主要客户群体是什么样的？比如家庭车主、高端车型车主等。

我们可以根据这些信息来设计一个独特且有吸引力的 LOGO。如果您已经有一些具体的想法或元素，也请告诉我，我会努力将它们融入设计中。

我们可以对 LOGO 制作助手提出的问题给出以下回应：

1. 店铺名称为"SVA"；2. 使用更具技术感的风格，蓝色底，红色为主色；3. 具备汽车及扳手的形状；4. 没有特定的客户群体。

系统会根据我们的回应做出反馈并展示输出图片，如图 7.5 所示。

这是我为您的汽车维修店"SVA"设计的 LOGO。它采用了您要求的高科技风格，以蓝色为底色，红色作为主色调，并巧妙地融入了汽车和扳手的形状。这个设计既现代又典雅，适合各种客户群体。

请看一下这个设计，如果您有任何反馈或想要进行修改，请随时告诉我！

图 7.5　GPT 输出图

如果觉得此次的 LOGO 并不符合我们的审美，我们可以重新输入命令：

我准备开一间汽车维修店，想要制作一个 LOGO。

LOGO 制作助手可能会回复：

很高兴您考虑制作LOGO来为您的汽车维修店增添专业感。LOGO对于品牌形象至关重要，尤其是在汽车维修这样的行业中。为了更好地为您设计LOGO，我需要了解如下一些信息。

您希望LOGO传达出什么样的信息或感觉？比如专业、可靠、快速、先进等。

您是否有偏好的颜色或希望避免的颜色？

您的店铺是否有特定的目标客户群体，例如高端车辆、经济型车辆或特定品牌的车辆？

您是否希望LOGO包含文字（如店铺名称）和/或符号（如车辆、工具等）？

这些信息将帮助我为您提供更准确的建议和设计方向。

由此，我们发现有三个问题需要优化。

（1）GPT每次需要了解的信息不固定。

我们注意到，在两次请求中，LOGO制作助手所需了解的信息并不一致，这可能导致最终产出的图片质量不稳定。因此，我们需要设定一个固定的信息集，以便在设计LOGO之前了解所有必要的细节。

（2）LOGO每次输出数量太少。

当前，LOGO的每次输出仅限于一张图片。鉴于ChatGPT Plus在三小时内的对话次数存在限制，加之DALL·E生成图片的随机性，这可能导致用户需要多次尝试才能获得合适的图片，从而造成时间上的浪费。

（3）LOGO设计的色彩搭配不稳定。

通过观察生成的LOGO，我们发现颜色搭配较差，这对整个LOGO的美感产生了不利影响。因此，我们需要强调GPT关于颜色搭配的指导。

对于上述三个问题，优化措施如下。

1. 固定所需了解的信息

（1）更新提问配置。我们可以在左边配置交互界面中输入：

请固定设计LOGO前的提问，分别为店铺名字和标语、风格和颜色、符号和图形、目标客户四个。

系统开始进行更新配置，完成更新后可能会给出以下反馈：

已更新 LOGO 制作助手的行为，现在它将在设计 LOGO 之前固定询问四个核心问题：1. 店铺的名字和标语；2. 希望的风格和颜色；3. 偏好的符号和图形；4. 目标客户群体。这些问题将帮助 LOGO 制作助手更好地理解您的品牌定位和设计需求，从而为您创造更符合您品牌形象和市场定位的 LOGO 设计。如果您准备好回答这些问题，或者有其他任何关于 LOGO 设计的疑问，请随时提问！

（2）预览测试。完成配置更新后，在右边预览的交互窗口，我们可以输入同样的命令来重新执行：

我准备开一间汽车维修店，想要制作一个 LOGO。

LOGO 制作助手可能会给出以下反馈：

很好，开设汽车维修店是一个挑战也是一个机遇。为了设计一个适合您的 LOGO，我需要了解一些信息，如下所示。

您的汽车维修店叫什么名字，有没有特定的标语或口号？

您希望 LOGO 的风格和颜色是什么样的，比如现代感、复古风、简洁明了等？

您是否有偏好的符号或图形，比如汽车、工具、齿轮等？

您的目标客户群体是怎样的，比如是专注于高端汽车市场，还是更广泛的消费者群体？

请您提供这些信息，这将帮助我更好地为您设计一个符合品牌形象和市场定位的 LOGO。

将此反馈与初次预览测试做对比，我们发现其所需要了解的信息与我们设置的内容一致，因而，我们认定此修改已经生效。

2. 增加单次的 LOGO 输出数量

（1）更新输出数量配置。我们在左边配置交互界面输入以下内容来设置输出数量：

请在每次输出设计的时候，给出四个不同的设计及 LOGO，以供用户选择。

根据输入提示，系统开始更新配置，并在完成配置更新后反馈：

LOGO 制作助手现已更新，以便根据您的需求提供四个不同的 LOGO 设计方案。在了解您的品牌需求后，它将创造四个独特而创新的设计方案，为您提供更多选择，以找到最适合您品牌形象和市场定位的设计。您还需要调整或添加其他功能吗？

如果有其他需要调整的可以继续补充，如果没有可以回复"不需要"。

（2）预览测试。完成配置更新后，我们在右边预览的交互窗口，输入同样的命令来重新执行：

我准备开一间汽车维修店，想要制作一个 LOGO。

LOGO 制作助手可能会给出以下反馈：

很好，您打算开设一家汽车维修店并需要一个 LOGO。为了更好地帮助您设计 LOGO，请您提供以下信息。

店铺名称和标语：您的店铺叫什么名字？有没有特定的标语或口号？

风格和颜色：您希望 LOGO 是什么风格的，例如现代、复古、简约等？您偏好哪些颜色？

符号和图形：您是否希望在 LOGO 中包含特定的符号或图形，例如汽车、工具或其他与汽车维修相关的元素？

目标客户群体：您的主要客户群是什么样的，例如，是专注于高端汽车维修，还是更普遍、多样化的汽车服务？

提供这些信息后，我将根据您的需求设计四个不同的 LOGO 方案供您选择。

我们继续输入与前面测试时相同的内容：

1. 店铺名称为 "SVA"；2. 使用更具技术感的风格，蓝色底，红色为主色；3. 具备汽车及扳手的形状；4. 没有特定的客户群体。

系统将会输出以下内容（所生成图片见图 7.6）：

感谢您提供详细的信息，根据您的需求，我将为 "SVA" 汽车维修店设计四个不同的 LOGO 方案。每个设计将遵循以下指导原则。

1. 店铺名称：SVA。

2. 风格和颜色：具有技术感的风格，以蓝色为底色，红色作为主色。

3. 符号和图形：包含汽车和扳手的形状。

4. 客户群体：面向广泛的客户群体。

我将开始创建这些设计方案。稍后将提供结果供您选择，请稍等片刻。

图 7.6　GPT 结果展示图

以上是四个为您的汽车维修店"SVA"设计的 LOGO 方案。每个设计都遵循了高科技风格，以蓝色为底色和红色为主色，同时融入了汽车和扳手的形状。这些设计旨在吸引广泛的客户群体，展现出现代和专业的形象。

请您查看这些设计，选择您最喜欢的一个，或者如果您有任何修改意见，也请随时告诉我，我可以根据您的反馈进行调整。

根据图 7.6 所示的结果，我们可以看到本次输出了四个不同的 LOGO，达到了我们期望的修改效果。

3. 特别注重颜色搭配

（1）更新注重颜色的需求配置。我们在左边配置交互界面中输入以下内容来调整LOGO图片的颜色：

在生成LOGO的时候，重点关注LOGO的颜色搭配，避免生成颜色有冲突的LOGO。

根据我们的输入，系统开始进行更新配置，完成更新后可能会给出以下反馈：

LOGO制作助手已经更新，现在它在设计LOGO时将特别注重颜色搭配，确保每个设计都美观和谐，避免颜色冲突。这样可以更好地满足您的品牌需求，为您提供符合品牌形象且美观的LOGO设计方案。您还有其他需要调整的地方吗？

（2）预览测试。完成配置更新后，我们在右边的预览窗口继续执行相同的操作，系统将会给出调整颜色后的方案。

7.3.2　整合测试

在完成定制化GPTs的修改并保存后，我们再对LOGO制作助手进行一次整合测试，具体步骤和结果如下所示。

（1）输入初始需求。

我有一个咖啡店，店名叫"Moon"，需要一个LOGO。

（2）系统的详细询问。

系统根据输入的需求，将会给出以下回复：

很好，您的咖啡店叫"Moon"，我会为您设计几个LOGO方案。在开始之前，我想了解更多细节以便更好地满足您的需求。

店铺标语：您的咖啡店有没有特别的标语或口号？

风格和颜色：您喜欢什么风格的LOGO，比如现代、复古、简约或其他风格？您偏好哪些颜色？

符号和图形：您是否想在LOGO中包含某些特定的符号或图形，比如咖啡杯、月亮、星星等？

目标客户群体：您的咖啡店主要面向哪类客户，比如学生、上班族、艺术家等？

这些信息将帮助我为您定制出更符合您品牌形象和需求的 LOGO 设计。

（3）细化需求。

我们根据系统的提示进一步细化需求，回答如下所示：

店铺标语：无。

风格和颜色：简约风格，以蓝色为主。

符号和图形：无。

目标客户群体：白领。

（4）输出结果。

系统根据我们提供的信息，返回了最终的 LOGO 设计，内容如下所示（输出图片如图 7.7 所示）。

这里是为您的咖啡店"Moon"设计的四个 LOGO 方案。每个设计都采用了简约风格，并以蓝色为主调，同时考虑到您的白领客户群体的喜好。

1. 第一个 LOGO：是一个将月亮和咖啡蒸汽进行几何解读的设计。

2. 第二个 LOGO：展示了"Moon"这个词，使用了流畅、现代的字体，并微妙地将咖啡豆融入字母设计中。

3. 第三个 LOGO：展示了一个风格化的月牙形状，巧妙地融合了一个咖啡杯的形状。

4. 第四个 LOGO：呈现了一个抽象、艺术化的月亮形象暗示着咖啡的香气。

每个 LOGO 使用了不同深浅的蓝色，提供了多样性。您可以根据您的品牌定位和个人喜好来选择最适合您的设计。如果您有任何修改的建议或需要进一步的定制，请随时告诉我！

通过这次测试，我们看到所提供的 LOGO 设计结果可以直接用于咖啡店，显示了 LOGO 制作助手在设计效率上的显著提升。该助手不仅激发了创意和灵感，还成功实现了定制化的要求，并且具备友好的交互界面，超出预期地实现了任务目标。

图 7.7　GPT 结果展示图

7.4　注意事项

1. 设置中文交流

在每次创建新的 GPT 会话之前，首先输入指令"请全程使用中文进行交流"，以确保整个对话过程中 GPT 使用中文。这一步骤是为了明确告知 GPT 我们的语言偏好，确保交流的顺畅和准确性。特别在多语言环境下，这一步骤尤为重要，以避免语言理解上的混淆或误解。

2. GPT 结果的多样性

由于 ChatGPT 是基于人工智能的，其提供的结果并非固定不变，可能每次都有所不同。如果 GPT 一次未能提供符合要求的 LOGO，我们可以要求系统重新生成，直到满足需求。这一特性要求我们对 GPT 的输出保持开放态度，并根据需要进行多次尝试。

3. 处理生成失败的情况

有时由于网络问题或服务器繁忙，可能导致生成图片失败。在这种情况下，需要单击"Regenerate"按钮进行重新生成，以尝试再次获取结果。此步骤是对技术障碍的应对措施，确保能够在问题发生时进行有效的解决。

4. 中文支持的局限性

目前DALL·E在处理包含中文字符的图片时，可能无法正确显示中文，导致出现奇怪或不准确的字样。因此，在要求GPT生成图片时，尽量避免要求在图片上展示中文字体，以免影响最终结果的质量。这样做的目的是基于当前技术的局限性，旨在提高生成图片的质量和可用性。

第8章

搭建数学学习助手 GPT

在第7章中，我们学习了如何创建定制化GPTs并使用DALL・E 3功能进行绘图。本章将通过创建一个数学学习助手GPT来探索更多功能，包括修改Configure中的Instructions以满足特定输出需求。此外，我们还将学习如何上传知识库，以提升GPTs的专业性。

8.1 数学学习助手介绍

数学学习助手GPT的主要任务目标是提供一个交互式的学习平台，帮助用户更好地理解和掌握数学知识。

1. 数学学习助手 GPT 实例的学习目标

通过搭建数学学习助手GPT，可以学习到以下内容。

（1）配置定制化GPTs：通过对话交互窗口，学会如何配置定制化GPTs，包括上传知识库。这使我们能够定制想要的GPT，使其适应特定的任务和需求。

（2）修改配置：在"Configure"页面，学会如何修改配置，包括修改名称、描述、图标及提示词。这能够个性化和优化GPT助手，以满足特定的使用需求。

（3）使用知识库：学习如何使用知识库来增强定制化 GPTs 的功能。知识库可以提供额外的信息和上下文，以便搭建的 GPT 更好地理解和回答用户的问题。

2. 数学学习助手 GPT 的任务目标

这个定制化的 GPT 模型的任务目标如下。

（1）提供即时答疑。数学学习助手 GPT 能够即时回答用户关于七年级数学问题的查询，无论是基本的算术问题还是更复杂的数学理论问题。这包括解答各个数学领域的问题，从而帮助用户在学习过程中攻克难点。

（2）辅助理解数学概念。数学学习助手 GPT 可以帮助用户理解各种数学概念，从基础的数学原理到高级的数学理论。通过详细的解释、示例和图解，该助手能够加深用户对数学概念的理解，特别是那些抽象和复杂的概念。

（3）提供个性化学习路径。根据用户的学习进度和理解能力，数学学习助手 GPT 可以提供个性化的学习建议和路径。这包括但不限于推荐特定的练习题、学习材料或进阶课程，从而帮助用户以最适合自己的方式学习。

（4）鼓励探索性学习。通过提出挑战性的问题和引导性的讨论，鼓励用户探索更深层次的数学知识。这种探索性学习方法能够激发用户的好奇心和学习兴趣，同时加深其对数学的理解和应用能力。

3. 数学学习助手 GPT 的使用场景

数学学习助手 GPT 可以在多种场景中发挥作用，主要包括以下几方面。

（1）学校教育。在学校教育中，数学学习助手 GPT 可以作为七年级教师的辅助工具，帮助学生在课堂外自主学习和复习数学知识。它可以作为课后辅导的资源，帮助学生巩固课堂上学到的内容，或者提供额外的练习和挑战。

（2）家庭学习。对于家庭学习，这个工具可以帮助家长为孩子提供额外的数学学习资源。特别是在家长可能不擅长数学的情况下，数学学习助手GPT可以作为一个可靠的辅助工具，帮助孩子在家中有效学习。

（3）自学。对于自学，数学学习助手GPT可以为自学者提供一个随时可用的学习资源。它能够帮助他们在没有教师指导的情况下学习数学，为他们提供即时的答疑和解释，使自学过程更加高效和有趣。

（4）辅导和补习。在辅导和补习中，这个工具可以作为辅导教师的一个有力辅助，提供个性化的教学支持。它可以帮助辅导教师更好地理解学生的需求，提供定制化的教学计划和练习。

4. 数学学习助手 GPT 的目标用户

数学学习助手GPT的目标用户群体相当广泛，主要包括以下几类。

（1）学生。需要学习七年级数学的学生都可以从这个工具中受益，特别是那些需要额外帮助或希望提高数学成绩的学生，可以通过数学学习助手GPT获得即时的答疑和个性化的学习支持。

（2）家长。对于希望提供更多学习资源给孩子的家长，数学学习助手GPT是一个理想的工具。它可以帮助家长在家中更有效地辅导孩子学习数学，特别是在家长自身不擅长数学的情况下。

（3）教师和辅导员。教师和辅导员可以利用这个工具来提高教学效率，为学生提供更多个性化的学习支持。它可以帮助教师更好地理解学生的学习需求，提供适合每个学生的教学方法。

8.2 数学学习助手搭建步骤

8.2.1 创建 GPT

登录ChatGPT后，我们按照以下步骤来创建数学学习助手GPT。

（1）单击左边菜单栏中的"Explore"按钮。这一步是进入创建流程的开始。我们首先需要登录到ChatGPT平台。登录后，界面左侧会出现一个菜单栏。在这个菜单栏中，有一个名为"Explore"的按钮。单击这个按钮，用户将被引导进入一个新的页面，即"My GPTs"的主界面。这个界面是用户创建和管理自己的 GPT 模型的中心，具体如图8.1所示。

图 8.1　My GPTs 主页面图

（2）单击上方"+"按钮。在"My GPTs"界面的上方，用户可以看到一个带有"+"标记的按钮。这个按钮的设计是为了引导用户开始创建新的 GPT 模型。单击这个按钮后，我们将进入一个新的页面，即 GPT 创建的互动页面。这个页面是专门用来设置和定制 GPT 模型的，具体如图8.2所示。

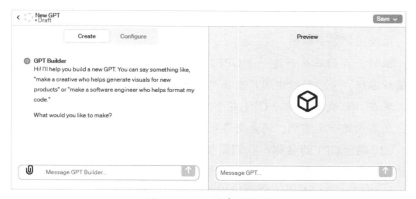

图 8.2　GPT 创建页面图

（3）在页面左下方的对话框输入指令。在 GPT 创建界面的左边部分，有一个输入框，可以进行交互对话。在这个输入框中，我们可以输入指令或配置信息，以指导系统创建和定制 GPT 模型，具体内容如下所示。

请全程使用中文与我交流，并将上面的内容重复执行一次。

系统将会展示以下内容。

好的！我将用中文帮助您创建一个新的GPT。您可以提出类似"制作一个帮助生成新产品视觉效果的创意人"或"制作一个帮助我格式化代码的软件工程师"的要求。

您希望创建一个怎样的GPT呢？

至此，我们已经成功进入了创建GPT模型的界面。在这个界面上，我们可以使用中文与系统进行互动，配置自己的GPT模型。

8.2.2 通过交互聊天进行配置

我们需要配置的内容有五个方面，具体如下所示。

（1）明确GPT的任务目标：我们需要定义GPT模型的具体任务。为了使GPT更有效地工作，任务目标应该尽可能明确和具体。这样的输入将指导系统创建一个专门针对特定地区和年级的数学题目制作、批改和解释系统。输入的内容如下所示。

创建一个中国广东省广州市七年级上学期数学出题及批改、题目讲解系统。

系统反馈如下所示。

很好。我们正在创建一个GPT，它将作为一个数学题目制作、批改和解释系统，专门针对中国广东省广州市的七年级上学期数学。

现在，让我们为这个GPT起个名字。您觉得"广州数学助手"怎么样？您喜欢这个名字吗，还是更喜欢其他的名字？

（2）确定GPT的名称：我们需要为自己的GPT模型命名。例如，可以将其命名为"广州七年级上学期数学出题助手"。这个名称比较有针对性，能够帮助用户在未来轻松识别和管理自己的GPT模型，输入内容如下所示。

请将名称改为"广州七年级上学期数学出题助手"。

根据我们的输入，系统将会做出反馈，内容如下所示。

已经将名称设为"广州七年级上学期数学出题助手"。

接下来,我将为这个 GPT 生成一个有代表性的头像。稍后我会展示给您看,并询问您是否有任何修改建议。

这是为"广州七年级上学期数学出题助手"生成的头像(见图 8.3)。它采用了手绘风格,包含代表数学主题的元素,如数字、几何形状和铅笔,色彩鲜艳,富有教育意义。

您对这个头像满意吗?还是有什么修改建议?

(3)确定 GPT 的 LOGO:我们还可以为自己的 GPT 模型选择一个 LOGO。如果系统生成的 LOGO 不符合自己的预期,我们可以要求系统进行修改。例如,我们可以要求将 LOGO 的风格从彩色变为黑白线条画,以符合个人喜好或特定的设计需求。这里输入内容如下所示。

构图和元素不要改变,请将头像风格修改一下,改为黑白线条画。

输入此内容之后,系统将 GPT 的头像从图 8.3 改变为图 8.4。

图 8.3　修改前头像

图 8.4　修改后头像

(4)上传题目资料库:为了使 GPT 生成的题目符合特定的标准和风格,我们在这里上传一些参考资料,如题目集或试卷。这些资料将作为 GPT 生成题目的基础和参考。选择包含题目的 PDF 文件,如图 8.5 所示,上传后输入内容如下所示。

请把资料库中各部分题目的数量及分数总结一下。

系统反馈内容如下所示。

好的，我将总结您提供的广州市中学七年级上学期期中数学试卷中的题目类型及其分数。这将包括不同类型的题目，例如选择题、填空题、解答题等，以及每种题型的题数和分数。我将分别查看每份试卷并进行总结。这可能需要一些时间，敬请耐心等待。

图8.5 上传资料库图

我已经整理了您提供的广州市中学七年级上学期期中数学试卷的题目类型和分数。以下是每种题型的总结。

2019—2020学年广东省广州市天河区汇景实验学校七年级（上）期中数学试卷：

选择题：10小题，每小题3分，共30分

填空题：7小题，每小题4分，共28分

解答题：共62分

2019—2020学年广东实验中学七年级（上）期中数学试卷：

填空题：10小题，每小题3分，共30分

填空题：6小题，每小题3分，共18分

解答题：共72分

2020—2021学年广东省广州113中七年级（上）期中数学试卷：

选择题：10小题，每小题3分，共30分

填空题：6小题，每小题3分，共18分

解答题：共52分

2020—2021学年广东省广州大学附中七年级（上）期中数学试卷：

选择题：10小题，每小题3分，共30分

填空题：6小题，每小题3分，共18分

解答题：共72分

2020—2021 学年广东省广州市海珠区南武中学七年级（上）期中数学试卷：

选择题：10 小题，每小题 3 分，共 30 分

填空题：6 小题，每小题 3 分，共 18 分

解答题：共 72 分

2020—2021 学年广东省广州市越秀区执信中学七年级（上）期中数学试卷：

选择题：10 小题，每题 3 分，共 30 分

填空题：6 小题，每题 3 分，共 18 分

解答题：共 72 分

这些试卷的题型和分数分配可以为制定数学测试题目提供参考。需要进一步帮助吗？

（5）配置题型和分数：我们需要告诉系统如何根据上传的资料来规范题型和分数。这一步骤确保 GPT 生成的题目既符合教学标准，又适应学生的学习需求，输入内容要求如下所示。

请把这些试卷的题型和分数分配用于制定数学测试题目。

系统将会根据输入返回相应内容，如下所示。

已经更新了 GPT 的行为，它现在将使用您提供的试卷数据来制定数学测试题目。这些试卷提供了关于选择题、填空题和解答题的题型和分数分配的重要参考。您有其他的要求或需要帮助的地方吗？

如果还有其他需求，可以继续补充。如果没有，我们这里可以进行如下输入：

暂时没有了。

至此，我们通过交互对话进行配置，搭建了初始版本。

8.2.3　直接更新配置

完成交互聊天配置后，系统将生成数学学习助手 GPT 的初始版本。我们可以通过单击"Configure"按钮，进入配置页面进行确认和修改。在

这个页面上，可以看到GPT的各项配置内容，并可以进行必要的调整。

单击"Configure"按钮，进入配置页面，可以看到具体的配置内容，如图8.6所示。

图 8.6　GPT 配置结果

具体的配置修改如下所示。

（1）Name：此处不需要修改，按原配置即可。

（2）Description：此处不需要修改，按原配置即可。

（3）Instructions：内容如下。

角色

－这个GPT的角色是一位数学老师，具有专业的数学知识和教学技能。

目标用户
– 中国广东省广州市七年级上学期的学生。

任务
– 出数学测试题目。
– 进行批改和题目讲解。
– 它与用户交流，了解具体的教学需求，并辅导用户。

规则
– 所有交互都使用中文，出的题目也使用中文。

（4）Conversation starters：内容如下。

帮我出一套完整的数学试题，并保存。

我需要类似试卷中的练习题。

能否讲解试卷中的某道题目？

帮我批改这个数学题目。

（5）Knowledge：不需要修改，为前面上传的文件。

（6）Capabilities：把 Web Browsing、DALL·E Image Generation、Code Interpreter 都选上。

（7）Actions：暂时不需要配置。

在对配置进行修改后，系统会自动进行保存，并更新到线上环境，我们可以据此进行测试并对配置进行调整。

8.3 数学学习助手测试

8.3.1 测试与调整

在完全搭建好数学学习助手 GPT 之后，我们需要对其进行测试，并根据测试结果进行相应的调整。

1. 测试套题效果的过程细化

（1）初始测试。

操作：在GPT交互界面输入"请出一套七年级的数学题"。

观察：发现GPT没有返回完整的套题，这表明初始指令可能不够明确。

（2）改进指令。

目的：让GPT明确知道我们需要一份完整的套题。

操作：在"Instructions"栏中添加具体指示。例如："当出套题的时候，请出完全部选择题、填空题、解答题。"

修改结果：这样的指示能让GPT理解我们需要的是包含各种题型的完整套题。

2. 改进 GPT 输出的套题

（1）再次测试。

操作：重新输入"请出一套七年级的数学题"。

观察：GPT返回了一套数学题，但题目的数量和分数分布不符合预期。

（2）分析和改进。

问题识别：需要对GPT的输出进行调整，以满足特定的题型分布和分数要求。

操作步骤：在创建交互窗口输入具体的改进指令"请对知识库的题型进行分析，列出题目数量、题型、难度的分布"。

输出结果：如下所示。

在2020—2021学年广东省广州113中七年级（上）期中数学试卷中，题目的数量、分数及难度分布如下所示。

选择题：共有 10 小题，每小题 3 分，总分 30 分。这部分题目通常设计为多项选择题，难度相对较低，主要用于测试基础知识和概念理解。

填空题：共有 6 小题，每小题 3 分，总分 18 分。填空题的难度相对中等，可能涉及简单的计算、概念应用或简单的推理。

解答题：共有 8 小题，总分 52 分。这部分题目的难度最高，要求学生进行详细的计算、推理和解释。具体的分值分配未提及，但通常这些题目涉及更复杂的数学问题和多步骤的解答过程。

综上，这份试卷的题目设计覆盖了从基础知识到较高难度的应用和推理，总体上可以说是全面且均衡的。

（3）优化 Instructions。

操作：我们对分析结果进行整理，将整理好的题型分布和分数标准输入"Instructions"栏中。

目的：确保 GPT 在未来的输出中能够遵循这些指定的格式和难度要求。

修改结果：修改后，当我们输入"请出一套七年级的数学题"后，该 GPT 输出了一套数学题，其中，选择题共有 10 小题，每小题 3 分，总分 30 分；填空题共有 6 小题，每小题 3 分，总分 18 分；解答题共有 8 小题，总分 52 分。符合预期结果。

3. 最终改进结果

Instructions 的内容如下所示。

角色
- 这个 GPT 的角色是一位数学老师，具有专业的数学知识和教学技能。

目标用户
- 中国广东省广州市七年级上学期的学生。

任务
- 出数学测试题目。
- 进行批改和题目讲解。
- 它与用户交流，了解具体的教学需求，并辅导用户。

规则

　　– 所有交互都使用中文，出的题目也使用中文。

　　– 当出套题的时候，出完全部选择题、填空题、解答题。

　　– 出套题的时候不要从资料库提取题目，而需要AI自己出，要一次出完全部题目，内容是中国广东省广州市七年级上学期的数学试题，题型包括以下三种。

　　1. 选择题：共有 10 小题，每小题 3 分，总分 30 分，用于测试基础知识和概念理解。

　　2. 填空题：共有 6 小题，每小题 3 分，总分 18 分，难度相对中等，涉及简单的计算、概念应用或简单的推理。

　　3. 解答题：共有 8 小题，总分 52 分，难度最高，要求学生进行详细的计算、推理和解释，涉及更复杂的数学问题和多步骤的解答过程。

8.3.2　整合测试

　　在进行测试和修改之后，我们将根据需求对数学学习助手GPT进行一次完整的测试，具体如下所示。

1. 出一套完整的数学试题

　　用户可以输入："我需要类似试卷中的练习题。"

　　这表明用户希望得到的是一套完整的、类似于学校试卷风格的数学练习题。

　　GPT将会输出：GPT根据用户的请求，生成了一套数学试题，具体如下所示。

　　根据所提供的广东省广州市各学校七年级上学期的数学期中试卷，我将为您出一套数学测试题目。这套题目将包括选择题、填空题和解答题，符合广东省广州市七年级上学期的数学课程标准。

　　一、选择题（共 10 题，每题 3 分，共 30 分）

　　1. 若 a=-3 和 b=2，则 a+b 的值是多少？

　　A. 5　　　　　　B. -1　　　　　　C. -5　　　　　　D. 1

　　2. 下列哪个选项是 -7 的绝对值？

A. 7　　　　　B. -7　　　　　C. 0　　　　　D. 1

3. 如果一个三角形的两个内角分别是 45° 和 90°，那么第三个内角是多少？

A. 45°　　　　B. 55°　　　　C. 35°　　　　D. 90°

4. 下列哪个选项是分数 2/5 的倒数？

A. 5/2　　　　B. 2/5　　　　C. 2　　　　　D. 0.4

5. 当 x=-2 时，表达式 $3x^2-x+1$ 的值是多少？

A. 17　　　　　B. 15　　　　　C. 13　　　　　D. 11

6. 下列哪个数字是合数？

A. 11　　　　　B. 13　　　　　C. 14　　　　　D. 17

7. 一个长方形的长是 12cm，宽是 8cm，它的面积是多少平方厘米？

A. 96　　　　　B. 100　　　　C. 104　　　　D. 108

8. 若一列等差数列的第一项是 3，公差是 2，则第五项是多少？

A. 11　　　　　B. 13　　　　　C. 15　　　　　D. 17

9. 3^2+4^2 的结果是多少？

A. 25　　　　　B. 27　　　　　C. 29　　　　　D. 31

10. 下列哪项是直角三角形斜边上的中线？

A. 等于斜边的一半　　　　　　B. 等于其中一条直角边

C. 等于其中一条直角边的一半　　D. 等于另外两边之和的一半

二、填空题（共 6 题，每题 3 分，共 18 分）

1. 若 x=-3，则 x^3 的值是_____。

2. 直角三角形的两条直角边分别是 3cm 和 4cm，那么斜边的长度是_____cm。

3. 被 5 整除的最小的三位正整数是_____。

4. 在坐标轴上，点（4，-2）位于第_____象限。

5. 分数 6/8 简化后的形式是_____。

6. 一个正方形的周长是 20cm，那么它的面积是_____平方厘米。

三、解答题（共 8 题，共 52 分）

1. 解方程 3x-4=11。（4 分）

2. 若 a=2 和 b=−3，求 a²−b² 的值。（4 分）

3. 计算：2/3+4/5。（4 分）

4. 已知三角形的底是 8cm，高是 5cm，求它的面积。（6 分）

5. 将 34563456 分解质因数。（6 分）

6. 已知直角三角形的两个锐角的比是 1:2，求这两个锐角的度数。（8 分）

7. 证明：对于任意正整数 n，n³−n 总是能被 6 整除。（10 分）

8. 求等差数列 2，5，8，11，…的第 20 项。（10 分）

可以看到，输出的内容包括多种题型，有选择题、填空题、解答题，涵盖了七年级数学的主要知识点。

结果：完成并达到预期结果，GPT 成功生成了符合用户要求的数学试题套卷。

2. 讲解题目

用户可以输入："请讲解上面解答题 2"。

指定具体的题目，希望 GPT 从生成的试卷中选择一题进行讲解。

GPT 输出：

当然，我将逐步讲解解答题第 2 题。

题目：

若 a=2 和 b=−3，求 a²−b² 的值。

解答过程：

①代入已知数值：根据题目，我们知道 a=2 和 b=−3。首先，我们需要将这些值代入表达式 a²−b² 中。

②执行计算：

计算 a²，将 a=2 代入，得 2²=4；

计算 b²，将 b=−3 代入，得（−3）²=9；

我们的表达式 a²−b² 变成 4−9。

计算结果：

③执行减法：4−9=−5。

结论：

所以，当 a=2 和 b=−3 时，a²−b² 的值是 −5。

GPT 根据用户的请求，选择一道题目并提供详细的解题步骤和解释。输出包括关键概念的解释、解题方法和可能的解题策略。

结果：完成并达到预期结果，GPT 成功提供了清晰、准确的题目讲解。

3. 批改题目

用户输入如图 8.7 所示。

用户上传了包含三道题目的 Word 文档，文档内容如下所示。

图 8.7　题目批改上传图

1. 直角三角形的两条直角边分别是 3cm 和 4cm，那么斜边的长度是 _____ 5 _____ cm。

2. 被 5 整除的最小的三位正整数是 _____ 2 _____ 。

3. 一个正方形的周长是 20cm，那么它的面积是 _____ 24 _____ 平方厘米。

用户希望 GPT 能够对这些题目的答案进行批改。

GPT 输出：

我已经查看了您上传的数学测试题目，以下是对题目的批改：

1. 题目：直角三角形的两条直角边分别是 3cm 和 4cm，那么斜边的长度是 _____ 5 _____ cm。

批改：正确。根据勾股定理，斜边长度 c=$\sqrt{3^2+4^2}$=5（cm）。

2. 题目：被 5 整除的最小的三位正整数是 _____ 2 _____ 。

批改：错误。最小的三位数是 100，被 5 整除的最小的三位正整数是 100。

3. 题目：一个正方形的周长是 20cm，那么它的面积是 _____ 24 _____ 平方厘米。

批改：错误。正方形的周长是 20cm，所以每条边长为 20cm÷4=5cm。面积=边长²=(5cm)²=25cm²。

请根据这些批改调整答案。

GPT会分析文档中的题目和提供的答案，对每道题目的答案进行评估，指出正确或错误，并给出正确答案或解释。例如，对于第二题，GPT指出答案"2"是错误的，并解释被5整除的最小三位正整数是100。

结果：完成并达到预期结果，GPT根据用户上传的文档内容，成功对题目的答案进行了准确的批改。

8.4 数学学习助手的进阶设计

为了提供更好的用户体验，我们引入了试题保存功能，具体操作如下所示。

（1）在Zapier中添加Google Doc相关事件。在Zapier中添加"新建Google Doc文档"和"添加内容到Google Doc文档"两个事件。具体的添加步骤和操作细节可参照第6章中的6.4.3小节和6.4.4小节。

（2）在GPT中添加动作（Actions）配置。在GPT的Configure页面的Instructions部分添加动作。配置完成后，页面展示如图8.8所示。

图8.8 GPT动作配置结果

（3）获取动作ID。添加完动作后，在 GPT 的页面中单击"list_ available_actions"接口的"Test"按钮，如图8.9所示。展示接口的测试结果，并展开"［debug］Response received"的内容，以查看动作ID。例如，新建Google Doc文档的动作描述为"Google_Doc_Create_Text"，动作ID为"01HGAEGKC7SQ4SXF1FXTG65FDQ"，所获取的动作ID将在下面定义Action的时候使用。

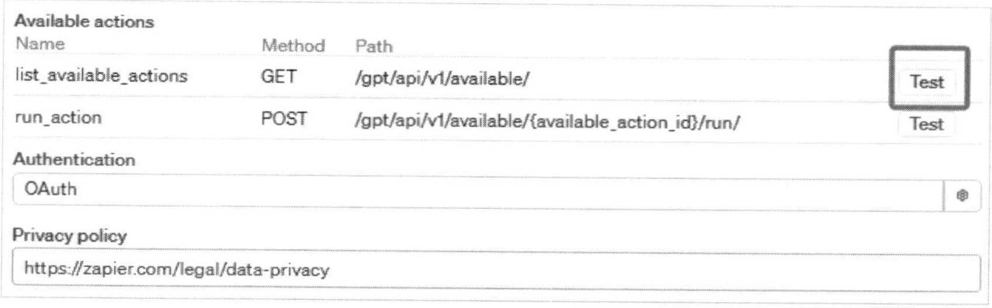

Available actions			
Name	Method	Path	
list_available_actions	GET	/gpt/api/v1/available/	Test
run_action	POST	/gpt/api/v1/available/{available_action_id}/run/	Test

Authentication
OAuth ⊕

Privacy policy
https://zapier.com/legal/data-privacy

图 8.9　Action测试入口

（4）增加新建及保存文档的操作。在GPT的"Configure"页面的Instructions中添加新建及保存文档的操作。在添加的内容中包含步骤（3）中获取的available_action_id。新增内容如下所示：

```
#### 接口规则
- 保存文档的时候，请先展示该答案再执行保存操作。
- 保存文档之前，先将被保存的内容翻译成中文。

REQUIRED_ACTIONS:
-- Action: Google_Doc_Append_Text
{available_action_id}:01HGDF7TZ77S50JK80XPXA0QCY
-- Action: Google_Doc_Create_Text
{available_action_id}:01HGAEGKC7SQ4SXF1FXTG65FDQ
-- Action: Google_Doc_Find
{available_action_id}:01HGHJCB3W596896XSC4YE7WCR
```

（5）增加保存文档的步骤与规则。保存文档的步骤如图8.10所示。根据图8.10所示的步骤，增加相应的提示词和操作规则：

保存步骤

Step 1：如果用户指定了保存的文件名称，则执行Step 3；否则，执行Step 2。

Step 2：询问用户所需要保存的文件名称，然后执行Step 3。

Step 3：将所指定的内容保存到所指定的文件中去，流程结束。

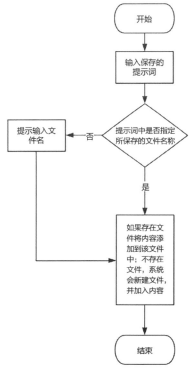

图8.10　文档保存步骤

（6）最终 Instructions 的修改。

最终的 Instructions 应根据用户具体的动作ID进行修改。注意确保 available_action_id 后的内容与用户的具体动作ID相匹配。

角色

– 这个GPT的角色是一位数学老师，具有专业的数学知识和教学技能。

目标用户

– 中国广东省广州市七年级上学期的学生。

任务

– 出数学测试题目。

– 进行批改和题目讲解。

– 它与用户交流，了解具体的教学需求，并辅导用户。

规则

– 所有交互都使用中文，出的题目也使用中文。

– 当出套题的时候，出完全部的选择题、填空题、解答题。

– 出套题的时候，不要从资料库提取题目，需要AI自己出，要一次出完全部题目，内容是中国广东省广州市七年级上学期的数学试题，题型包括以下三种。

1. 选择题：共有 10 小题，每小题 3 分，总分 30 分，用于测试基础知识和概念理解。

2. 填空题：共有 6 小题，每小题 3 分，总分 18 分，难度相对中等，涉及简单的计算、概念应用或简短的推理。

3. 解答题：共有 8 小题，总分 52 分，难度最高，要求学生进行详细的计算、推理和解释，涉及更复杂的数学问题和多步骤的解答过程。

接口规则

- 保存的时候，请先展示该答案再执行保存操作。
- 保存之前，先将被保存的内容翻译成中文。

保存步骤

Step 1：如果用户指定了保存的文件名称，则执行 Step 3；否则，执行 Step 2。

Step 2：询问用户所需要保存的文件名称，然后执行 Step 3。

Step 3：将所指定的内容保存到所指定的文件中去，流程结束。

REQUIRED_ACTIONS：
-- Action：Google_Doc_Append_Text
{available_action_id}：01HGDF7TZ77S50JK80XPXA0QCY
-- Action：Google_Doc_Create_Text
{available_action_id}：01HGAEGKC7SQ4SXF1FXTG65FDQ
-- Action：Google_Doc_Find
{available_action_id}：01HGHJCB3W596896XSC4YE7WCR

8.5 注意事项

本实例中的注意事项如下所示。

1. 应对 GPT 输出中断

当 GPT 的输出在执行过程中突然停止，这可能是因为达到了最大的 Token 限制，这是 GPT 处理能力的一个常见限制。在 GPT 输出停止时，用户界面的右下角会出现一个 "Continue" 按钮。当我们单击这个 "Continue" 按钮时，该操作会指示 GPT 继续之前的输出过程。单击后，GPT 将从之前停止的地方继续执行，绕过 Token 限制的问题，继续提供输出结果。

2. 排查动作调用失败

在尝试调用 GPT 的某个动作时遇到执行失败的情况，一个常见的原因是动作 ID 错误，即在调用过程中使用了错误或无效的动作标识符。需要进入 GPT 的测试环境，这通常是一个专门用于调试和测试的界面。在测试环境中，尝试再次调用相关的动作。仔细检查动作的 ID 是否正确，以及是否有其他配置错误。一旦发现 ID 错误或配置问题，就进行相应的修正，然后重新尝试调用动作。

第9章

搭建邮件助手 GPT

本章我们将专注于学习如何搭建邮件助手 GPT，并探索如何将 Zapier 的 Actions（动作）集成到 GPTs 中。通过这个过程，我们将深入了解如何利用 Zapier 的 Actions 来增强 GPTs 的功能。最终，我们将能够使用集成的 Zapier 动作来实现更高级的功能，提升邮件助手 GPT 的效能和应用范围。

9.1 邮件助手介绍

邮件助手 GPT 的主要任务目标是提高邮件处理的效率和准确性，通过自动化回复、分类和优先级排序来管理大量的电子邮件。它旨在减轻用户的工作负担，通过智能化的邮件管理，节省时间并提高生产力。此外，邮件助手 GPT 还能够根据用户的特定需求和偏好，定制个性化的邮件处理规则和模板。

1. 邮件助手 GPT 实例的学习目标

通过搭建邮件助手 GPT，可以学习到以下内容。

（1）配置定制化 GPT：通过对话交互窗口，学会如何配置定制化 GPT，包括上传知识库。这能够定制 GPT，使其适应特定的任务和需求。

（2）修改配置：在 Configure 页面，学会如何修改 Instructions 里的提示词，用以满足该 GPT 的特殊需求。

（3）工作流配置：深入学习利用 Zapier 进行动作配置，学习如何将 Zapier 动作集成到 GPTs 中，利用其完成更高级的功能。

2. 邮件助手 GPT 的任务目标

（1）简化邮件浏览。

邮件助手的第一个任务目标是简化邮件浏览。具体来说，它应该能够在电子邮件中识别并提取关键信息，包括发件人、主题、日期和邮件内容的摘要，以协助用户迅速了解邮件的主要内容。

邮件助手还应该具备自动分类的能力，可以根据不同的标准将邮件进行分类。这些分类可以包括工作邮件、个人邮件、推广邮件等，以便用户更轻松地组织和管理他们的邮件收件箱。

为了确保用户不会错过任何关键信息，邮件助手应该能够突出显示重要或紧急的邮件。

（2）提供清晰的汇总。

邮件助手的第二个任务目标是为用户提供清晰的邮件汇总。邮件助手应该能够生成电子邮件的简洁摘要，以帮助用户快速了解邮件的内容和重要信息。这个摘要可以包括邮件的主要内容、关键信息和附件的摘要。

为了减少信息过载，邮件助手还应该具备过滤邮件的能力，以识别并剔除电子邮件中的不必要信息，如广告、垃圾邮件或其他无关内容。这有助于用户更快速地浏览和理解邮件。

为了确保用户可以轻松理解邮件的内容，邮件助手应该以清晰、易于理解的语言生成汇总。这有助于提高用户的效率和邮件的可读性。

（3）提供专业交流。

第三个任务目标是确保与用户的交流具有专业性。邮件助手应该以正式、专业的中文与用户进行交流，以确保沟通具有清晰性和专业性。

为了增强用户体验的连贯性，GPT 邮件助手应该维持一致的交流风格。这意味着它在不同的交互中应该保持相似的语言和沟通方式，以减少用户的混淆和困惑。

3. 邮件助手 GPT 的使用场景

（1）日常邮件管理。一个主要的使用场景是帮助个人用户或专业人士有效管理日常电子邮件。用户可以将助手集成到他们的邮件客户端或应用程序中，以快速浏览和分类收件箱中的邮件。邮件助手可以识别重要的邮件、过滤垃圾邮件，并为用户生成邮件摘要，使他们能够更轻松地处理大量电子邮件。

（2）工作协作。在专业环境中，邮件助手可以用于团队协作。例如，团队成员可以使用邮件助手来快速查找和过滤与项目或任务相关的邮件，以节省时间和提高工作效率。邮件助手还可以生成简洁的邮件汇总，以便在团队内共享重要信息。

（3）客户支持。公司和组织可以使用邮件助手来改善客户支持服务。当客户发送电子邮件请求时，助手可以自动识别问题类型并将请求分类，以便快速分配给适当的支持团队。此外，邮件助手还可以为支持团队生成汇总，以帮助他们更好地理解客户问题和需求。

（4）信息摘要。邮件助手可以用于生成信息摘要，将多封邮件合并为一份清晰的报告。这对于领导层或决策者来说特别有用，他们可以更轻松地了解公司内部或外部的重要信息，而不必深入查看每封邮件的细节。

（5）个性化新闻摘要。用户可以配置邮件助手来生成个性化的新闻摘要。邮件助手可以根据用户的兴趣和偏好从各种新闻源中提取关键信息，并将其发送到用户的电子邮件收件箱，以帮助他们保持对当前事件的了解。

（6）项目管理。在项目管理中，邮件助手可以自动跟踪和归档与项目相关的邮件，生成项目进展报告，并定期向项目团队发送更新。这有助于项目经理和团队进行组织和协作。

4. 邮件助手 GPT 的目标用户

邮件助手GPT的目标用户群广泛，涵盖了个人用户和各种行业和领域的专业人士。它旨在提供更高效、更清晰的电子邮件管理和交流体验，以满足不同用户的需求。

（1）个人用户。这个工具适用于任何使用电子邮件的个人用户。无论是学生、家庭主妇、自由职业者还是退休人员，任何需要管理和处理电子邮件的人都可以受益于邮件助手GPT。它可以帮助他们快速了解邮件内容、过滤垃圾邮件，并提供邮件摘要，提高电子邮件处理效率。

（2）专业人士。邮件助手对于专业人士来说尤其有用。无论是在企业中工作的职员、项目经理、销售代表还是法律顾问，他们都可以使用邮件助手来管理大量的工作邮件，识别重要邮件，并生成简洁的邮件汇总，以便更好地组织和响应邮件。

（3）团队和组织。公司、组织和团队可以将邮件助手集成到他们的邮件系统中，以改进团队协作和客户支持服务。它可以帮助团队更好地协调工作、共享信息，并快速响应客户的邮件请求。

（4）决策者和管理层。邮件助手对于高级管理层、决策者和领导者来说非常有价值。它可以帮助他们节省时间，提供信息摘要和报告，以帮助他们更好地了解公司内外的重要信息和趋势。

（5）教育工作者。教师、培训师和教育工作者可以使用邮件助手来管理教育和培训项目的电子邮件通信。它可以自动回答学生的问题，提供课程材料的摘要，并改进教学和培训流程。

（6）新闻爱好者。对于那些关注新闻和时事的人来说，邮件助手可以生成个性化的新闻摘要，将他们最关心的新闻信息发送到他们的电子邮件收件箱，帮助他们保持对当前事件的了解。

（7）项目经理和协作团队。在项目管理领域，项目经理和协作团队可以使用邮件助手来跟踪项目相关的电子邮件，自动化项目通信，并生成项目进展报告。

9.2 邮件助手搭建步骤

9.2.1 在交互页面完成配置

鉴于创建GPT与前述实例的步骤完全相同，因此无须重复叙述，我们将直接从交互页面开始解释。

1. 用户指令

我们使用中文直接在交互界面中一次性完成了GPT的基础配置，包括指定其用途、名称，以及所需的LOGO图标。这样的一步到位配置能够大大减少配置GPT所需的步骤和时间。

具体的指令如下所示。

请全程使用中文交流。我需要建立一个GPT，用于浏览邮件信息，并概括出来。该GPT的名称叫"邮件助手"，并使用简洁风格的图标。

2. 系统响应

系统根据用户的指令生成了GPT的名称、LOGO图标，并将交流语言及用途更新到Instructions中。对于这一系列操作，系统的反馈如下（图标如图9.1所示）。

太好了！现在您可以开始使用"邮件助手"了。如果您在使用过程中有任何想要调整的地方，请随时告诉我，我会根据您的需求进行修改。

图9.1　GPT新建图标

您可以在右边的聊天对话框中尝试使用"邮件助手"。试试看吧！有任何反馈或需进一步调整的地方，请告诉我。

在查看了系统展示的信息和图标后，我们可以直接回复以确认配置，从而完成了整个配置流程。

9.2.2　完成 Configure 页面确认及配置

在交互页面完成初步的配置后，我们需要在Configure页面进行进一步的修改。

1. 查看 Instructions 内容

完成基础配置后，我们可以进一步查看GPT的Instructions内容，以确保GPT的角色和任务都明确清晰。

Instructions内容如下所示。

　　该GPT的角色是"邮件助手"，主要目标是浏览邮件信息并对其进行简洁的汇总。在浏览邮件时，应关注重点内容的描述，并为用户提供清晰、简洁的信息汇总。这个GPT将避免解读或查找密码保护的信息，以确保用户隐私和安全。在交流时，如果无法明确理解用户需求，将会为清晰化需求而主动请求更多详情。在与用户交流时，该GPT将使用正式中文，以保持清晰、专业的交流风格。

2. 进行能力选择

　　我们根据GPT的用途，在"Capabilities"中进行能力选择。具体来说，我们需要选中"Web Browsing"复选框，而对于其他两个复选框："DALL·E Image Generation"和"Code Interpreter"，由于不相关，我们不用选中。这一设置过程如图9.2所示。

图9.2　GPT配置

9.2.3　完成动作配置

我们需要根据前面提及的需求，通过 Zapier 配置本 GPT 的动作。

1. 配置 Zapier 动作

我们引用第 6 章的指导，使用 Zapier 配置查找邮件（Find Email）和发送邮件（Send Email）两个动作，并在 Zapier 上完成测试。

2. 导入 Zapier 动作

通过单击"Actions"下的"Create new action"按钮，进入"Add actions"页面。在该页面，我们选择"Import from URL"选项，然后输入 Zapier 相应的动作链接，最后单击"import"按钮。系统自动为我们生成了具体的 Schema，其中包括两个关键接口："list_available_actions"和"run_action"。我们还在"Privacy policy"下面输入了 Zapier 的隐私政策链接，具体结果如图 9.3 所示。

图 9.3　GPT Actions 导入

3. 测试动作

在"Add action"页面中，单
击"list_available_actions"API后
的"Test"按钮来执行接口测试。
首次测试需要进行鉴权，即单击

图9.4　API访问鉴权确认

"Sign in with actions.zapier.com"按钮，如图9.4所示。

在成功执行测试后，系统将列出所有可用的Zapier接口，我们从中
确认查找邮件和发送邮件的接口的可用性，如图9.5所示。需要注意的是，
这些接口的ID需要记录下来，以备在后续指定调用接口时使用。

```
🛰 邮件助手
  › [debug] Calling HTTP endpoint
  ˅[debug] Response received
{
  "response_data": {
    "results": [
      {
        "id": "01HGSS08DSG2TVGHMZVZS5TDS2",
        "operation_id": "gmail_send_c2c5858",
        "description": "Gmail_Send",
        "params": {
          "instructions": "str",
          "Subject": "str",
          "Body": "str",
          "Cc": "str",
          "To": "str"
        }
      },
      {
        "id": "01HG844M5WT9MN542YPJO62VPY",
        "operation_id": "gmail_find_email_7b3c60f",
        "description": "Gmail: Find Email",
        "params": {
          "instructions": "str",
          "Search_String": "str"
        }
      }
    ],
    "configuration_link": "https://actions.zapier.com/gpt/actions/"
  },
  "status_code": 200,
  "action_id": "g-590c88c950b956b02f2022b13310573267ce871d"
}
✅ Talked to ˅
```

图9.5　Action测试结果

单击"run_action"API后的"Test"按钮来执行接口测试。稍等片刻，
系统将展示如图9.6所示的信息，
首次测试需要单击"Allow"按钮
来允许信息发送到Zapier网站以
完成调用。

图9.6　API访问请求

单击"Allow"按钮后，系统返回了成功的调用信息，这进一步验证了接口的成功调用，具体如下所示。

我已成功执行了"查找邮件"操作，搜索了主题为"ProjectUpdate"的邮件。以下是找到的邮件简要信息。

1. 主题：OAuth Verification Request for Project Stay（idstay-307809）

日期：Wed，23 Jun 2021 01：34：58 -0700

发件人：APIOAuth Dev Verification（api-oauth-dew.verification-rephy+tahahghw3sno91d@google.com）

收件人：cdrty9527@gmail.com

标签：UNREAD，IMPORTANT

分类：PERSONAL.INBOX2

2. 主题：OAuth Verification Request for Project Stay（id.stay 307809）

日期：Wed，23 Jun 2021 00：26：00-0700

发件人：API OAuth Dev Verification（api-oauth-dew-verification-reply+tahahghw3sno91d@google.com）

收件人：cdrty9527@gmailcom

标签：UNREAD，IMPORTANT

分类：PERSONAL.INBOX

3. 主题：OAuth Verification Request for Project Stay（id.stay-307809）（第一封邮件）

日期：Tue，22 Jun 2021 23：48：29 -0700

发件人：APIOAuth Dev Verification（api-oauth-dev-verification-reply+1ahghghw3sno91d@google.com）

收件人：cdrty9527@gmail.com

标签：UNREAD，IMPORTANT

分类：PERSONAL.INBOX

4. 保存配置

在系统交互窗口中完成邮件助手GPT的配置。在配置完成后，系统的名称和图标就可以按照我们的配置进行更新了。为了保存这一最新配置，单击右上角的"Save"按钮，然后选中"Only me"单选按钮，并单击"Confirm"按钮。

9.3 邮件助手测试

9.3.1 测试与调整

在完成GPT的搭建之后，我们开始对GPT进行测试，并根据测试过程中发现的问题进行相应的修改。

1. 邮件中的语言问题

（1）预览窗口测试。

在开始测试前，我们首先进入Preview窗口，输入以下命令：

请列出主题包含"Zapier"的邮件，并总结其内容。

系统在接收到这个输入后，将会弹出提示消息："Some info will be sent to actions.zapier.com, only."单击"Allow"按钮以允许系统的操作，系统做出反馈，以下是包含"Zapier"主题的邮件列表及其内容的简要总结。

1. 邮件主题：Simplify these processes with Zapier Tables

发送日期：2023年11月30日

发件人：learn@send.zapier.com（Zapier Tables）

内容摘要：邮件似乎讨论了如何使用Zapier Tables简化某些流程，但具体内容未提供。

2. 邮件主题：Your Zapier trial has ended

发送日期：2023年11月29日

发件人：learn@send.zapier.com（Zapier）

内容摘要：此邮件通知Zapier试用期已结束，具体细节未提供。

3. 邮件主题：Get started with Zapier Tables

发送日期：2023年11月27日

发件人：learn@send.zapier.com（Zapier Tables）

内容摘要：邮件提供了开始使用 Zapier Tables 的信息，但没有详细描述具体内容。

4.邮件主题：Welcome to the Zapier Community

发送日期：2023 年 11 月 27 日

发件人：notify@zapier.com（Zapier Community）

内容摘要：欢迎加入 Zapier 社区的邮件，可能包含社区资源和活动信息。

5.邮件主题：使用 Zapier 发送邮件

发送日期：2023 年 11 月 26 日

发件人：×××.nddt×××.com

内容摘要：这是一封由用户自己发送的测试邮件，内容为"测试一下"。

以上总结基于邮件的主题和部分可见内容。具体邮件的详细内容需要直接查看邮件本身。

（2）发送邮件内容至邮箱。

接着，我们将上一步骤得到的邮件内容发送到指定邮箱，输入以下命令：

请将以上内容发到邮箱"×××@139.com"

系统在接收到这个输入后，同样会弹出消息，单击"Allow"按钮以允许系统的操作，系统的反馈如图9.7所示。

（3）查看邮件内容。

我们进入收邮件的过程，查看具体的邮件内容，发现邮件内容是英文，如图9.8所示，需要进行翻译。

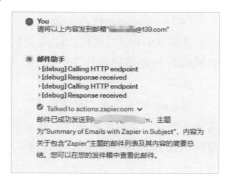

图 9.7　发送邮件测试结果

因此，我们加入以下规则：

规则

– 发邮件之前，需要先将邮件内容翻译成中文。

保存这一规则后，重新进行测试。使用同样的输入，前两个步骤的内容与以上相同。然后，访问邮箱，查看所收到的邮件，其邮件内容如图9.9所示。

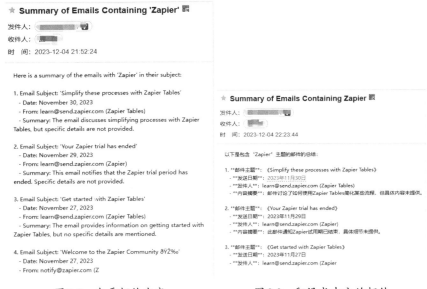

图9.8　查看邮件内容　　　　　　图9.9　翻译成中文的邮件

（4）Instructions修改生效。

从图9.9中可以看出，修改了Instructions，加入翻译规则之后，所收到的邮件已经翻译成中文。因此，该修改生效。此时的Instructions内容如下所示。

该GPT的角色是"邮件助手"，主要目标是浏览邮件信息并对其进行简洁的汇总。在浏览邮件时，应注重重点内容的描述，并为用户提供清晰、简洁的信息汇总。这个GPT将避免解读或查找密码保护的信息，以保证用户隐私和安全。在交流中，如果无法明确理解用户需求，将会为清晰化需求而主动请求更多详情。在与用户交流时，该GPT将使用正式中文，以保持清晰、专业的交流风格。

规则
- 发邮件之前，需要先将邮件内容翻译成中文。

（5）保存配置。

完成了 Preview 测试后，单击 Preview 窗口右上角的"Update"下拉按钮，选中"Only me"单选按钮，然后单击"Confirm"按钮以保存最新的配置。保存完成后，单击其后出现的"View GPT"按钮，进入正式环境测试。

2. 正式环境测试问题

在正式环境重新进行了同样的测试，但系统却反馈了问题，具体如下所示。

我无法直接访问或搜索您的电子邮件。为了协助您，我建议您登录到您的电子邮件账户，并搜索包含"Zapier"关键词的邮件。找到相关邮件后，您可以分享邮件的主要内容或特定问题，我将很乐意为您提供进一步的帮助和总结，请确保在分享信息时不包含任何敏感或私人信息。

回到"邮件助手"的 Edit 状态，首先单击"list_available_actions"API，列出所有 API，发现 Gmail_Find 和 Gmail_Send 两个 API 的状态是正常的。然后，检查"Configure"下的"Instructions"，发现未加入动作说明。于是，我们加入以下 Instructions 内容：

REQUIRED_ACTIONS：

-- Action：Gmail_Find

{available_action_id}：01HGTFGST3PJK3C0KFEAKVXMT7

-- Action：Gmail_Send

{available_action_id}：01HGSSQ8DSG2TVGHMZVZS5TDS2

然后，更新 GPT，并重新进入"邮件助手"进行操作，最终结果可以达到预期。

通过这一系列的操作步骤，我们学会了如何进行 GPT 的配置、测试及问题排查。这些步骤可以帮助我们更好地定制和使用 GPT 助手。

9.3.2　整合测试

1. 进入"Explore"页面并选择邮件助手 GPT

打开 GPT 的用户界面，在"Explore"页面中，用户应该寻找并单击邮件助手GPT，以便进入邮件助手的测试环境。

进入邮件助手GPT后，用户将能够开始测试邮件助手的不同功能和能力。

2. 测试查找邮件和总结邮件内容

用户需要在GPT的交互窗口中输入特定的指令，以测试邮件助手的查找邮件功能。指令如下所示。

请找出我收件箱中，发件人为"Kaggle"的邮件，并总结其内容。

系统反馈如下所示。

我在您的收件箱中找到了以下由"Kaggle"发送的邮件：

1. 主题：［邀请］Google Cloud 应用AI峰会

日期：2023年11月27日

内容摘要：这封邮件是关于Google Cloud 应用AI峰会的邀请，包含活动详情和参与方式。

2. 主题：November 2023 Spotlight New Models on Kaggle to Check Out

日期：2023年11月22日

内容摘要：这封邮件介绍了2023年11月在Kaggle上的新模型和技术亮点。

3. 主题：［邀请］Google 的2023年女性在机器学习研讨会

日期：2023年11月21日

内容摘要：该邮件是对Google 2023年女性在机器学习研讨会的邀请，提供了活动详情和注册信息。

4. 主题：Competition Launch：SenNet + HOA－ Hacking the Human Vasculature in 3D

日期：2023年11月10日

内容摘要：这封邮件宣布了一项关于三维人类血管系统的竞赛，详细介绍了竞赛的目标和参与条件。

5. 主题：Competition Launch：Enefit－Predict Energy Behavior of Prosumers

日期：2023年11月7日

内容摘要：该邮件介绍了一项关于预测能源消费者行为的竞赛，详细说明了竞赛的背景和要求。

这些邮件的主要内容涉及邀请参加活动，介绍新模型及竞赛的启动通知。您还需要更详细的信息或其他帮助吗？

在这一步，达到了预期结果，GPT能够成功查找到符合条件的邮件，并生成有关邮件内容的简洁摘要。

3. 测试发邮件功能

为了测试邮件助手的发邮件功能，用户需要在交互窗口中输入以下指令：

请将以上内容发到"×××@139.com"。

GPT会接收并处理用户的请求，然后执行相应的操作。用户将能够看到GPT的响应，如图9.10所示。

在这个步骤中，用户期望GPT能够准确地将邮件内容发送到指定的邮箱地址（"×××@139.com"），并且能够成功地将其翻译成中文，如图9.11所示。

图 9.10　整合测试发送邮件　　　图 9.11　整合测试邮件发送的验证

4. 查看具体的邮件内容

用户想要测试邮件助手在查看邮件内容方面的功能，可在交互窗口中输入以下指令：

请展示第五封邮件的内容。

  GPT 会对用户的请求进行处理，并在交互窗口中显示有关第五封邮件的详细内容，具体如下所示。

  主题：Competition Launch：Enefit-Predict Energy Behavior of Prosumers

  发件人：Kaggle（noreply@kaggle.com）

  日期：2023 年 11 月 7 日

  收件人：［您的邮箱］

  邮件正文：

  （邮件的正文以 HTML 格式编写，包括样式和格式，以下为文本内容的摘要）

  这封邮件宣布了一项名为 "Enefit - Predict Energy Behavior of Prosumers" 的新竞赛。该竞赛旨在通过数据分析和机器学习模型预测能源消费者（即生产者和消费者）的行为。邮件中详细介绍了竞赛的背景，强调了能源行业对于准确预测消费者行为的需求，并说明了这对于优化能源分配和提高效率的重要性。

  邮件还提到了竞赛的具体要求，包括数据集的描述、预测任务的目标，以及参赛者需要提交的内容。此外，邮件还包含了有关注册竞赛、提交作品和截止日期等信息。最后，邮件鼓励收件人加入这项挑战，并利用 Kaggle 平台提供的资源来开发解决方案。

  以上是邮件的详细内容摘要。如果您有任何问题或需要进一步的帮助，请随时告知。

  在这一步，用户希望 GPT 能够以清晰、完整的方式呈现第五封邮件的内容，以满足其查看需求。

  这些详细说明描述了用户在测试邮件助手 GPT 时的每个具体步骤，以及每个步骤的预期结果。这有助于用户更好地理解如何使用该工具，并能评估其性能。

9.4 注意事项

  在搭建邮件助手时，注意事项如下所示。

1. 应对邮件内容不完整的情况

在发送邮件时，有时会遇到邮件内容不完整的问题，这通常是由于邮件内容过大。我们可以尝试将邮件内容进行压缩，减少不必要的文字或信息，以减小邮件内容。如果邮件内容确实较多，可以考虑将其分成几个部分分别发送。

2. 重新鉴权 Zapier 的 API

如果在一段时间内没有调用 Zapier 的 API，可能会遇到需要重新进行鉴权的情况。需要根据 Zapier 平台的指引，完成 API 的重新鉴权过程。这可能包括重新输入认证信息、更新链接设置等。完成鉴权后，进行简单的测试以确保 API 调用已恢复正常。

第10章

搭建插图助手 GPT

本章我们将深入探索如何搭建插图助手GPT，即一个集成了DALL·E 3作图高级功能的创新工具。在这个过程中，我们不仅会学习到DALL·E 3的高级作图技术，还将掌握如何利用ChatGPT与DALL·E 3的强大功能结合起来构建这一工具。本章的重点将放在如何打造一个既快速又高效，同时能够精确满足用户需求的作图助手上。通过本章的学习，我们将能够深入理解这些先进技术的应用，并掌握创建高效、准确的图像生成工具的关键技巧。

10.1 插图助手介绍

插图助手GPT旨在为艺术家、设计师和创作者提供强大的创造性支持，帮助他们将创意想法转化为视觉图像，从而节省绘制时间并促进创意表达。它提供高度的灵活性和可定制性，能够根据用户的风格、色彩和主题要求定制插图，特别适用于需要连贯风格和主题的项目。

1. 插图助手 GPT 实例的学习目标

（1）学会在Instructions中对整个定制化GPT进行规则限定和初始处理。学习如何解析和理解用户提供的指令，包括指令的关键词、语法结构和意图。学习如何根据指令的具体内容调整 GPT 的响应和处理方式。例如，根据用户的需求调整图像的风格、尺寸或颜色方案。学习如何在处理指令时应用特定的规则和限制，例如版权规定、内容审查标准或用户设定的特定参数。

（2）学会使用详细的提示词生成图片。学习如何从用户提供的提示词中提取关键信息，并将这些信息转化为图像生成的指导。学习如何处理和应用用户提供的详细信息，如特定的对象、颜色、场景和情感，以生成符合要求的图像。学习如何在遵循用户提示的同时加入创意元素，使生成的图像既符合要求又具有独特性。

（3）了解生成 DALL · E 图像的主要要素。学习 DALL · E 图像生成技术的基本原理和关键要素，包括它如何解析文本提示并生成图像。学习如何控制生成图像的风格和质量，包括清晰度、色彩饱和度和艺术风格。鼓励对 DALL · E 技术的创新使用和实验，以探索新的图像生成可能性。

（4）学会使用种子值（Seed Value）去重用图片。在图像生成和处理中，学习如何使用种子值去重用图片是一项重要技能。种子值在图像生成过程中起到关键作用，它决定了生成图像的特定特征和样式。

2. 插图助手 GPT 的任务目标

（1）创造性支持。为艺术家、设计师和创作者提供一个强大的工具，帮助他们将创意想法转化为视觉图像。通过理解用户的描述和要求，插图助手 GPT 可以生成与之匹配的图像，从而促进创意表达。

（2）节省时间和资源。通过自动化的图像生成过程，显著减少手动绘制所需的时间和努力。这对于快速制作原型、概念验证或满足紧迫的截止日期尤为重要。

（3）提供灵活性和可定制性。能够根据用户的具体要求（如风格、色彩、主题等）定制插图，提供高度的灵活性和适应性。无论是现实主义风格还是卡通风格，插图助手 GPT 都能够适应不同的艺术需求。

（4）实现一致性和重用性。在需要连贯风格和主题的项目中，如连续出版物或系列作品中，插图助手 GPT 可以通过使用种子值和提示词确保前后一致性，同时便于重用和修改先前的插图。

（5）优化用户体验。通过直观的界面和用户友好的交互设计，无论专业人士还是业余爱好者都能轻松使用，从而提高用户满意度和参与度。

（6）绘画风格使用少女漫画的风格。该风格通常包含细腻的线条、表情丰富的角色设计和浪漫、梦幻的元素。这种风格深受青少年读者的喜爱，特别适合表现校园生活中的友情、成长等主题。

3. 插图助手 GPT 的使用场景

插图助手 GPT 可以用于很多场景，如产品配图、书籍、插画、海报设计等。也可以设置很多风格，如漫画、手绘、水彩等。如果专注于以校园生活为主题的青少年小说插图定制，为了更好地吸引目标读者群，可以选择少女漫画风格进行绘制，并将人物设定为青少年，以便与小说内容和读者群产生共鸣。

以图书插画为例来讲，通常来说，插图助手可以为以下类型的书籍进行定制。

小说：为各种类型（如科幻、奇幻、历史、爱情）的小说提供插图，捕捉故事的关键场景或角色，增强读者的沉浸感。

教科书：为教育类书籍制作插图。例如，为历史教科书描绘历史事件，或为科学教科书提供图解和示意图，帮助学生更好地理解复杂的概念。

专业书籍：为专业领域（如医学、工程、法律）书籍制作详细的图表和插图，以清晰地传达专业知识。

杂志：根据杂志文章的主题，创作插图来补充和丰富内容，增加视觉吸引力。这包括时尚、生活方式、科技等领域的杂志。

儿童绘本：创作色彩丰富、风格多样的插图，以适合儿童的视角来讲述故事。这些插图通常色彩鲜明、形象生动，易于吸引儿童的注意力，并激发他们的想象力。

教育漫画：为教育目的设计的漫画，如科普漫画或历史漫画，旨在以有趣的方式传达知识和信息。

个性化图画书：为特定的故事或主题定制插图，如根据客户的要求为家庭故事或地方传说创作独特的图画书。

4. 插图助手 GPT 的目标用户

插图助手GPT的设计和功能特别适合以下两类目标用户。

（1）艺术家和插画师。对于专业的艺术家和插画师，插图助手GPT提供了一个强大的工具，用于快速生成创意草图或完成复杂的插图项目。它可以帮助他们在短时间内探索不同的设计概念和艺术风格。

（2）内容创作者。对于内容创作者，尤其是那些在博客和社交媒体上活跃的人，可以使用插图助手GPT来丰富他们的作品，为故事或文章添加视觉元素。

10.2　插图助手搭建步骤

10.2.1　初步创建插图助手 GPT

在创建插图助手GPT并生成初始配置时，我们按照以下详细步骤进行。

（1）创建插图助手GPT并提供初始配置。

我们在GPT的交互界面中输入请求，以便创建插图助手GPT，同时提供初始配置信息：

请全程使用中文进行交流。我要创建一个插图生成器，用于根据需求为图书生成插图。名称为"插图助手"。

系统根据用户提供的信息生成了GPT的名称、图标及DALL·E绘画风格，并将这些信息反馈给用户。用户可在交互界面上查看此初始配置。稍等片刻，系统会将图像展示出来并等待用户的答复。

（2）修改初始配置中的头像。

检查生成的头像，如果发现不符合要求，可以根据需要进行更改。如果不想要人物作为头像，那么可以在交互界面中，输入以下要求：

不要使用人物作为头像。

系统重新生成头像并向用户提供新的LOGO图像，等待用户确认。我们在交互界面上查看新生成的头像（见图10.1），并通过回复确认选用该LOGO。

图10.1　创建的LOGO

（3）定义GPT的功能和行为原则。

我们与系统继续互动，系统可能向用户提出以下问题以细化GPT的功能和行为原则：

太好了，我们将使用这个头像。现在让我们细化一下GPT的功能和行为。您希望它在回答问题时应该遵循哪些原则或准则？比如，是否应该注重创意、实用性，或者还有其他特别的要求？

我们应明确GPT的主要任务，比如根据图书的内容描述来生成插图，并选择实用性作为关键原则。

（4）确定互动方式。

系统进一步询问用户关于GPT如何与用户互动的方式，例如，在不确定用户需求时应该如何寻求澄清，或者在需要更多信息以生成准确插图时应该如何提问。

我们可以简单直接地进行提问，让系统直观地了解用户需求，从而节省时间。我们的回复可以是下面这样的内容：

直接提问。

这里，我们选择了直接提问作为与GPT的互动方式。

（5）定义GPT的个性特点。

系统向用户提出关于GPT个性化方面的问题，以确定GPT在与用户互动时应展现出怎样的个性特点。我们可以选择专业性作为GPT的个性特点。

之后，系统会根据我们的选择对GPT的个性进行定义。

（6）保存和生成初始配置。

系统在确认了用户的所有选择后，对上述内容进行了更新，并保存了插图助手GPT的初始配置。

（7）选择 DALL·E 3 绘图能力。

在完成上述配置后，我们前往"Configure"页面，以查看和确认其中的重要配置信息，如图 10.2 所示。

图 10.2　插图助手 GPT 的配置

Name：确认 GPT 的名称，以确保它与期望一致。

Description：查看和核实 GPT 的描述，以确保它准确地反映了 GPT 的用途和功能。

Instructions：检查并确认 Instructions 中包含了对 GPT 的详细指导，以确保 GPT 了解如何执行任务。

Capabilities：在 Capabilities 部分，我们选中"DALL·E Image Generation"复选框，即选择了 DALL·E 3 的绘图能力，这将使 GPT 能够使用 DALL·E 3 来生成图像。

这些配置和选择将确保 GPT 在后续的操作中能够按照用户的需求和期望进行工作，因为具备了 DALL·E 3 的绘图功能，所以能够满足生成插图的要求。

10.2.2 问题分析

完成初步创建之后，我们通过几个例子来进行初步测试。

（1）我们启动插图助手GPT，以获取第一张插图。在交互窗口中，我们输入请求，目的是根据一段文字描述来生成插图。

打开交互窗口，输入以下描述请求：

请为以下这段话生成一个插图：第一缕晨光穿透了东方的天际，宛如柔和的金色笔触轻轻拂过大地。在宁静的时光里，大自然苏醒了，微风拂动树叶，空气中弥漫着清新的花香。鸟儿们欢快地起舞着，似乎在述说着新的一天的开始。晨露晶莹剔透，镶嵌在草叶和花瓣上，一切尽显生命的气息。

远处，山峦和树林在朝霞的映照下呈现出一幅令人陶醉的画卷，轮廓清晰而宏伟。这一切又让人感到宁静和充满希望。

系统经过分析并进行作图，然后在交互窗口中展示了一张符合上述描述且精美的风景画，如图10.3所示。

在图10.3中，我们可以看到系统生成了一幅具有清晨景色的插图，这张插图反映了描述中的元素，如晨光、树叶、花瓣、山峦等。我们需要仔细检查插图，以确保它符合我们的要求。如果需要，我们可以提出修改或进一步定制的请求。

图10.3 风景初步测试结果展示图

（2）我们继续使用插图助手GPT来获取一张包含人物的插图。例如，我们想要一张在书房看书的女孩的图片，那么，在交互窗口中，可以输人以下详细描述的请求：

我需要一张女主角在书房看书的插图：女主角是一个17岁的高中生，短头发，穿着校服；书房是现代风格；温馨画风；尺寸是16:9。

系统进行分析并生成了满足以上要求的插图，并将其进行反馈（所输出图片如图10.4所示）：

这是根据您的描述生成的新插图，展示了一位17岁的高中女生穿着校服在现代风格的书房里看书。图中的场景营造了一种温馨和平静的阅读环境。请查看这张插图，看看它是否符合您的需求。如果需要任何调整，请随时告诉我。

图10.4　人物初步测试结果展示图

在图10.4中，我们可以看到系统生成的插图。它呈现了女主角在现代风格的书房中看书的场景，女主角符合描述，插图的画风温馨，尺寸也符合要求。

（3）我们需要测试插图的连贯性，以确保在同一本书中生成的插图在风格和人物形象上保持一致。我们在交互窗口中输入另一个场景请求：

我需要一张插图：女主角穿着运动服在操场上跑步。

系统再次对描述进行分析，生成一张相应的插图，并将其反馈（所输出图片如图10.5所示）：

这是您请求的插图，展示了女主角穿着运动服在操场上跑步的场景。请查看这张图像是否符合您的需求。如果您需要任何修改或额外的插图，请告诉我。

在图10.5中，我们可以看到系统生成的插图，虽然呈现出了女主角在操场上跑步的场景，但女主角的形象与之前的插图并

图10.5　任务场景初步测试结果展示图

不一致，也就是说插图的风格没有保持连贯性。这表明插图助手目前在同一本书中生成的插图，无法确保人物形象和风格的一致性。

通过上述三次测试，我们明确了以下几个问题，有助于用户更好地理解该工具并评估其性能。

问题1：图片风格没有固定。

在比较这三张插图时，我们注意到它们的绘画风格存在显著的差异。作为同一本书的插图，绘画风格应该是一致的，以确保整本书的视觉风格保持统一。绘画风格应该根据书的性质和要求而定，而不应该在同一本书中出现风格不一致的情况。

问题2：生成的图片人物前后不一致。

进一步观察图10.4和图10.5，我们可以看到它们似乎在描绘同一个人物，但两者之间存在明显的不一致之处。在同一本书中，人物形象应该保持一致，以确保读者可以轻松识别和关联主要角色。然而，这两张插图中，人物的外貌和特征相差甚远，这违反了一致性的原则。

问题3：图片角度、比例、氛围未明确要求输入。

我们注意到在插图生成的过程中，未明确要求输入关于图片角度、

比例和氛围的详细信息。这三个方面的要素对于描绘场景的精确性和一致性至关重要。因此，在生成插图之前，我们需要确保提供明确的描述，以确保插图的可用性。

问题4：图片无法被重用。

我们需要考虑插图的可重用性。在一本书中，可能需要在后续章节中重用之前的插图或对其进行修改。然而，在当前情况下，由于插图的风格和内容存在差异，它们可能无法被重复使用。这可能会导致不必要的重复工作和不一致的视觉效果。

为了解决上述问题，我们在生成插图时，需要确保以下几点。

（1）统一绘画风格，以确保整本书的视觉一致性。

（2）保持人物形象的一致性，尤其是主要角色。

（3）提供明确的描述，包括图片角度、比例和氛围，以确保插图与故事内容相符并具有一致性。

（4）设计插图时要考虑可重用性，使其能够在整本书中被轻松地重复使用或修改。

10.2.3 解决绘图风格问题

1. 绘画风格

DALL·E 3能够支持非常多的绘画风格，具体如下所示。

1）现实风格

现实风格是DALL·E 3的默认风格，生成的图像与现实世界中的照片非常相似。这种风格注重图像的真实性和细节表现，能够生成高度逼真的图像。

2）艺术风格

（1）油画风格：模仿传统油画的绘画风格，能够生成具有丰富色彩和纹理的油画作品。

（2）水彩风格：模仿水彩画的绘画风格，生成的图像具有轻盈、透明的质感。

（3）漫画风格：生成具有夸张特征和简单线条的漫画风格图像，类似于动画或漫画作品。

（4）像素风格：由像素组成，具有复古的游戏机或像素艺术的感觉。

（5）其他艺术风格：如木刻艺术、涂抹油画、技术绘图等，每种风格都有其独特的视觉效果和表现方式。

3）创意风格

DALL·E 3还可以生成各种创意风格的图像，如将物体拟人化、将不同的物体组合在一起等，创造出独特的视觉效果和故事性。

4）特定风格细分

（1）抽象风格：图像没有具体的形状或物体，而是通过颜色和形状来表达情感或思想。

（2）复古风格：具有怀旧的感觉，如使用老旧的胶卷或电视机效果。

（3）未来风格：具有科幻的感觉，如使用金属或霓虹灯效果。

（4）简约风格：只包含最基本的元素，没有多余的装饰。

（5）复杂风格：包含大量的细节，具有很强的视觉冲击力。

5）新增风格

在最近的更新中，DALL·E 3还增加了67种新的图像风格，包括35mm胶片、抽象、鱼眼等，为用户提供了更丰富的选择。

2. 绘画风格测试

在了解了DALL·E 3的绘画风格之后，我们可以从中选择一种进行测试。这里我们以少女漫画风格为例，这个决策基于以下几点考虑。

（1）受众适应性：少女漫画风格尤其受到青少年群体的喜爱，特别是女性读者。这种风格通常描绘青春、浪漫和成长的主题，与青少年的兴趣和经历紧密相关。

（2）视觉吸引力：少女漫画以其精致的艺术风格而闻名，包括大而富有表现力的眼睛、优雅的线条和详尽的背景设计。这种视觉风格吸引人且易于辨认，能够引起青少年读者的视觉兴趣。

（3）情感共鸣：少女漫画常常重视人物的内心世界和情感表达，这有助于创造出读者能够产生共鸣的故事。通过展现人物的感受和经历，这些插图能更好地与年轻读者建立情感联系。

（4）多样性和包容性：少女漫画风格在表现多样性方面具有灵活性，能够适应不同背景和性格的角色设计。这有助于包容更广泛的读者群体，反映出多元化的社会和文化。

总的来说，选择少女漫画风格作为我们GPT项目的插图风格，旨在更好地吸引和服务于青少年读者群体，同时提供高质量和视觉上吸引人的内容。

此外，为了增强生成的插图的鲜明度，以更好地反映主题，我们希望尽量采用鲜艳的色彩，以展现青春和阳光的气息。

因此我们在Configure页面的Instructions部分加上以下内容：

作图规则

– 所作的图尽量使用鲜明的颜色，表现出青春、阳光的气息。

– 没特殊说明，所有作图使用少女漫画风格。

在应用了上述规则后，我们对图10.3～图10.5重新进行了测试，结果如图10.6～图10.8所示。

图 10.6　风景绘画风格测试图

图 10.7　人物绘画风格测试图

图 10.8　场景绘画风格测试图

从这三张图的结果中可以明显看出，它们都呈现出了鲜明的少女漫画风格，因此在锁定了绘画风格之后，生成的多幅插图可以保持一致的绘画风格。

10.2.4　解决人物一致问题

为了确保故事中角色的一致性，我们采用两种方法从角色图片中提取关键特征，并将这些特征整合到Instructions中。以下是这两种方法的详细描述。

1. 通过上传图片获取角色提示词

这个过程包含以下步骤。

第1步 ▶ 图片上传。在ChatGPT的对话窗口中上传一张角色的图片。这张图片可以是手绘或从其他来源找到的，关键是要能清晰展示角色的正面形像。

第2步 ▶ 提取提示词。上传图片（见图10.9）后，输入以下内容：

请获取上图人物的中文提示词，不需要任何背景。

ChatGPT基于上传的图片提供了一段描述，涵盖角色的外观特征，如发型、服饰、表情等，具体如下所示：

这位角色是一名年轻女性，拥有棕色的中短发，两侧各别着一个绿色的发夹。她戴着橙色镜片的圆形眼镜，面带微笑，看起来温和而友好。她身穿一件白色衬衫，领口处有一个橙色的领结，外面套着一件红色和白色相间的马甲。整体来看，她给人一种学生的感觉，可能是某种校园生活场景中的角色。

图 10.9 上传人物图

第3步 ▶ 特征筛选和整理。从ChatGPT提供的描述中筛选出与人物相关的特征。删除与实际图片不符的错误特征。例如，描述中提到角色戴眼镜，但实际图片中角色未戴眼镜，则应删除这一特征。

我们得出如下提示词，并对系统进行输入：

使用日本漫画风格画一个角色。这位角色是一名年轻女性，拥有棕色的中短发，两侧各别着一个绿色的发夹。她面带微笑，看起来温和而友好。她身穿一件白色衬衫，领口处有一个橙色的领结，外面套着一件红色和白色相间的马甲。整体来看，她给人一种学生的感觉。

系统生成的图片如图10.10所示。

从图10.10中可以看到，主要要素与所导入的图片相似，符合需求。我们基于筛选后的特征为角色命名，并设定其他基本信息，如年龄、身高、体重。将最终整理后的提示词输入Instructions中去，具体内容如下所示：

图10.10　角色一人物特征效果图

－小芳：她有一头中等长度的棕色短发，左侧可以看到一个绿色发夹。她的表情温柔友好，带着温暖的微笑，没有戴任何的耳饰。她穿着一件白色衬衫，领口系着橙色领带，外加一件红白相间的叠层背心，这表明她是一名学生。她的眼睛应该是黑色的。她身高155cm，体重38kg。

2. 通过 ChatGPT 直接生成角色提示词

这个过程包含以下几个步骤。

第1步 ▶ 角色描述输入。在ChatGPT对话窗口中输入一个新角色的详细描述。这应该包括角色的身体特征、发型、服装、表情等。

例如，输入以下内容：

请使用少女漫画风格生成一个角色：这名角色是一个年轻女性，高瘦身材，黑色长发，扎着高马尾辫，表情柔和，她身穿一件白色衬衫，领口处有一个橙色的领结，外面套着一件红色和白色相间的马甲。整体来看，她给人一种学生的感觉。

第2步 ▶ 角色图像生成。基于输入的描述，ChatGPT生成一个符合要求的角色图像，如图10.11所示。

图10.11　角色二人物特征效果图

第3步 提取并整理特征。根据生成的角色图像，提取角色的关键特征。如下所示：

－小红：是一个年轻女性，高瘦身材，黑色长发，扎着高马尾辫，表情柔和，她身穿一件白色衬衫，领口处有一个橙色的领结，外面套着一件红色和白色相间的马甲。整体来看，她给人一种学生的感觉。她身高163cm，体重48kg。

这些特征随后被添加到Instructions中，以确保角色设计的一致性。

3. 整合到 Instructions

将上述过程中提取的所有角色特征整合到Instructions中，形成完整的角色描述。这包括每个角色的外观特征、服装风格，以及其他任何定义角色的关键信息。同时，也包括作图的总体规则，如所用风格、色彩使用等。

我们通过以上方式，生成一个男孩角色的提示词，将其添加到Instructions中去，最终提示词变更为：

"插图助手"是一个以实用性和专业性为核心，专门为图书生成插图的GPT。它能够根据用户的描述创作插图。这个GPT在回答问题时会保持专业的态度，直接提问以理解和满足用户的具体需求。它会以专业的知识和态度处理与插图相关的查询，如风格、主题、尺寸等，并给出合适的建议和解答。

作图规则
－所作的图尽量使用鲜明的颜色，表现出青春、阳光的气息。
－如果没有特殊说明，所有作图使用少女漫画风格。

角色提示词
－小芳：她有一头中等长度的棕色短发，左侧可以看到一个绿色发夹。她的表情温柔友好，带着温暖的微笑，没有戴任何的耳饰。她穿着一件白色衬衫，领口系着橙色领带，外加一件红白相间的叠层背心，这表明她是一名学生。她的眼睛应该是黑色的。她身高155cm，体重38kg。
－小红：是一个年轻女性，高瘦身材，黑色长发，扎着高马尾辫，表情柔和，她身穿一件白色衬衫，领口处有一个橙色的领结，外面套着一件红色和白色相间的马甲。整体来看，她给人一种学生的感觉。她身高163cm，体重48kg。

– 小明：是一个年轻男学生，高高的身材，细长的眼睛，高挺的鼻子，黑色短发，表情冷酷，他身穿一件白色衬衫，领口处有一个橙色的领结。整体来看，给人一种大学生的感觉。

通过这样的操作，我们可以确保所有插图中的角色在整个故事中保持一致性，同时也为插图创作提供了清晰的指导和参考。这对于保持故事的连贯性至关重要。

为了测试插图助手GPT的效果，我们在更新并保存了该GPT的Instructions之后，进行了三种场景的插图测试。以下是这三种测试的详细描述。

我们分别输入三种场景的提示词进行检验，具体如下所示。

（1）小芳看书：

我需要一张插图：小芳在书房看书，穿着校服；书房是现代风格；温馨画风；尺寸是16:9。

插图助手GPT的反馈如图10.12所示。

图10.12　角色看书场景效果图

（2）小红跑步：

我需要一张插图：小红穿着运动服在操场上跑步。

插图助手 GPT 的反馈如图 10.13 所示。

（3）三个人坐在草地上：

我需要一张插图：小芳、小红、小明三人从左到右坐在草地上。

插图助手 GPT 的反馈如图 10.14 所示。

图 10.13　角色运动场景效果图　　　　图 10.14　多角色效果图

通过检查图 10.12 和图 10.13，我们确认小芳和小红在不同场景下的插图中保持了角色设计一致性的特征。

从图 10.14 可以看出，三个角色的坐姿和位置排列符合测试输入的要求。

这些测试结果表明，插图助手 GPT 能够根据给定的 Instructions 准确生成符合要求的插图，确保人物在不同场景下的一致性，并准确表现出场景的特征。这对于创作连贯且吸引人的故事插图非常重要。

10.2.5　提示输入重要的元素

为了有效地生成插图，我们强调在开始绘制之前必须明确主要要素：场景、视角、尺寸和氛围。

1. 场景

场景决定了插图的背景和主要环境，通常包括时间、地点和构成元素。明确场景有助于插图更好地传达故事的背景和情景，让观众迅速理解插图主题。不同的场景可以展现出独特的文化、社会或自然环境，从而影响观众对角色和情节的解读。

对场景的设定，主要包括以下几个方面。

（1）地点：场景可以是户外（如森林、城市街道、沙漠等）或室内（如房间、商店、餐厅等），甚至是幻想中的地点。选择不同的地点，会影响插图的整体布局和细节展示。

（2）时间：时间设置可以是现代、过去或未来，甚至是特定的历史时期。这会影响插图的风格、服饰设计、建筑元素等。

（3）季节和天气：场景中的季节（春、夏、秋、冬）和天气状况（晴天、雨天、雪天等）会影响光线、色调、阴影及插图中的动态效果。

（4）文化或风格：场景可能会融入特定的文化或艺术风格，如中国古代建筑、欧洲中世纪风格、未来科幻城市等。

（5）背景细节：明确背景中的主要元素（如山川、建筑、植物等）有助于场景的丰富性和现实感，使插图更具视觉吸引力。

2. 视角

视角影响观众如何看待插图中的场景和角色。不同的视角可以创造不同的视觉效果和情感体验。通过选择适当的视角，可以强化故事的叙述力。例如，鸟瞰视角可以展示整个场景的布局，而蚁视角则能够增强对象的威严感。视角还能影响观众对插图主体的感知，如使用仰视视角可以使角色看起来更加强大或有威严感。

常见的插图角度如下所示。

（1）鸟瞰视角（Bird's Eye View）：从高处向下看的视角，常用于展示整体场景或地形布局。

（2）蚁视角（Worm's Eye View）：从低处向上看的视角，常用于增强对象的威严感或大小。

（3）正面视角（Front View）：直接面对对象的视角，适合展示细节和正面特征。

（4）侧面视角（Side View）：从旁边观看对象的视角，适合展示侧面形态和运动。

（5）背面视角（Back View）：从对象的后面观看，可以创造神秘或远离的感觉。

（6）俯视视角（High Angle View）：从稍微高的位置向下看的视角，可以使对象显得较小或无助。

（7）仰视视角（Low Angle View）：从较低的位置向上看的视角，可以使对象显得更加强大或有威严感。

（8）第一人称视角（First Person View）：仿佛从特定人物的视角看世界，能创造身临其境的体验感。

（9）全景视角（Panoramic View）：一种宽阔的视角，适合展示广阔的景观或环境。

（10）极近视角（Extreme Close-Up View）：非常近距离的视角，适合展示细节，如人物的眼睛或物体的纹理。

（11）斜视角（Dutch Angle）：画面轻微倾斜的视角，用于创造紧张或动态的效果。

（12）细节镜头（Detail Shot）：特写一部分对象，如手、脸的一部分，重点突出细节。

（13）两点透视（Two-Point Perspective）：用于创造具有深度和距离感的视角，通常显示两个消失点。

（14）三点透视（Three-Point Perspective）：比两点透视更夸张，增加了向上或向下看的维度，常用于高楼大厦的俯瞰或仰视。

（15）长焦视角（Telephoto View）：模仿长焦镜头效果，使远处的对象看起来更近、更大。

（16）广角视角（Wide Angle View）：模仿广角镜头效果，能捕捉较宽广的场景，但可能导致边缘扭曲。

（17）鱼眼视角（Fish-Eye View）：极端的广角视角，创造出圆形的、扭曲的图像。

（18）过肩视角（Over the Shoulder View）：从一个人物的肩膀上方看向另一个人物或对象，常用于对话场景。

（19）倒转视角（Inverted View）：画面上下颠倒，创造出一种反转世界的效果。

（20）中景视角（Medium Shot View）：常规的镜头距离，通常显示人物从腰部以上到头部。

（21）摇镜头视角（Pan Shot View）：水平移动的视角，模仿摄影机的平移效果。

（22）低视角（Low View）：从地面或低位置的视角向上看，不同于仰视视角，低视角的位置侧重于地面或地平线的近处。

为了固定绘图视角，我们将以上内容写进一个 TXT 文件中，作为知识库（Knowledge）上传到 GPT 中。

如果用户没有特别指定，则我们默认使用正面视角。

3. 尺寸（图片比例）

不同的比例对插图的构图有着直接影响。比例决定了图像的宽高关系，从而影响空间分布和视觉平衡。根据插图的使用平台或媒介，选择合适的比例是非常重要的。例如，社交媒体可能更适合1:1或9:16的比例，而传统打印媒介可能使用4:3或3:2的比例。不同的比例可以符合观众对特定类型媒介的视觉预期，如16:9是电视和在线视频的常见比例。

各种比例的定义和常见用途如下所示。

（1）1:1（正方形）：长宽相等，常用于社交媒体平台，如 Instagram。

（2）4:3：这是传统电视和早期数字相机的标准比例。

（3）3:2：这是35mm胶片相机的传统比例，也常见于现代数码单反相机。

（4）16:9：现代高清电视和计算机显示器的标准比例，也广泛用于在线视频平台。

（5）5:4：早期计算机显示器的常见比例，现在较少见。

（6）2:1（或18:9，36:18）：超宽屏比例，常见于电影制作和一些智能手机屏幕。

（7）21:9：更加宽阔的超宽屏比例，通常用于电影院的屏幕。

（8）9:16：垂直方向的比例，常用于手机屏幕。

（9）自定义比例：除了以上这些标准比例，还可以根据需要自定义比例，尤其是在图形设计和艺术创作中。

通常，默认比例设定为16:9，除非用户特别指定。

4. 氛围

通过不同的氛围，插图可以有效地传达特定的情感和气氛，如浪漫、神秘、紧张等。氛围的选择可以加深故事情节的情感层次，使故事更加吸引人。确保插图的氛围与故事内容或主题相协调，可以增强故事的整体感和吸引力。

（1）浪漫（Romantic）：通常是温暖、梦幻的，常通过柔和的光线和温暖的色调来表达。

（2）神秘（Mysterious）：指充满未知和好奇，可使用暗色调和阴影来营造气氛。

（3）忧郁（Melancholic）：指悲伤或深沉的感觉，常通过灰暗的色调和缓慢的节奏表现。

（4）宁静（Serene）：指平静和安宁，通常用明亮的色彩和简洁的构图来实现。

（5）欢快（Cheerful）：指活泼和愉快的气氛，通常使用鲜艳的色彩和轻快的音乐。

（6）紧张（Tense）：指充满紧张感，可使用快节奏、对比强烈的色彩和突然的声音效果来表现。

（7）恐怖（Eerie）：令人感到不安或恐惧，常见于恐怖电影，可使用阴暗的场景和不安的声音来表现。

（8）怀旧（Nostalgic）：指回忆过去，带有怀旧色彩，可使用旧照片效果或复古色调来表现。

（9）梦幻（Dreamy）：指超现实和梦境般的，通常通过模糊的图像和柔和的光线营造。

（10）冷漠（Aloof）：指缺乏情感的，可使用冷色调和简洁的构图来表现。

（11）戏剧性（Dramatic）：通常指强烈的情感表达，常使用高对比度的光影效果和饱和的色彩来表现。

（12）激动（Exciting）：通常指充满活力和激情，可使用快节奏和强烈的视觉元素来表现。

（13）沉思（Contemplative）：通常指深思或反思，常使用缓慢的节奏和柔和的光线来表现。

基于上述分析，我们可以在Instructions中的作图规则处添加以下提示词：

– 每次作图前必须向用户询问以下信息：

-- 1.场景

-- 2.视角（来源于"绘画视角"知识库）

-- 3.尺寸（建议使用16:9）

-- 4.氛围（包括浪漫、神秘、忧郁、宁静、欢快、紧张、恐怖等）

这样的准备可以确保每张插图都能精准地反映预期的内容和风格，同时满足特定的技术和艺术要求。

下面我们对以上规则进行测试。

（1）输入下面内容：

请画一幅插图：小红和同学在食堂吃饭，食堂有很多人。

（2）插图助手提示如下所示：

为给您绘制合适的插图，请提供以下信息。

1.场景：已经明确是食堂，但您能描述食堂的具体样子吗？例如，是现代的还是稍微老式的食堂？

2.视角：您希望从什么角度看到这个场景？比如鸟瞰视角、正面视角、侧面视角等。

3.尺寸：是否使用推荐的16:9尺寸？

4.氛围：这个场景的气氛是什么样的？比如快乐、宁静、繁忙等。

（3）输入具体的要求如下所示：

1.现代的学校的食堂；2.侧视角；3.16：9；4.热闹。

（4）插图助手GPT最终展示的效果如图10.15所示。

图 10.15　测试效果图

从上面的测试结果可以看到，插图助手GPT现在会确认是否提供了场景、视角、尺寸、氛围这些信息，如果未提供，则要求用户进行提供。

10.2.6　解决图片重用问题

我们已经探讨了提示词在指导图像生成方面的作用，但是为了在绘画中实现更高的重用性和一致性，我们可以使用种子值。虽然提示词可以帮助我们在某种程度上重现图像，但是准确度可能存在变化。因此，种子值成为一个必不可少的构成因素。

在涉及计算机算法和人工智能（Artificial Intelligence，AI）的绘画中，种子值是控制图像生成过程中随机性的关键因素。种子值这一概念起源于计算机科学，特别是在随机数生成的领域中。种子值实际上是随机数生成算法的初始输入值，它决定了随机数（或在绘画中的随机元素）生成序列的起始点。

种子值的核心作用如下。

（1）保持一致性。在AI绘画或数字绘图中，使用相同的种子值能够生成具有一致特征的图像。这在艺术创作中至关重要，尤其是当特定图像元素需要在书籍的不同章节或不同作品中重复使用时。

（2）简化重复创作。借助种子值，创作者可以轻松地重现先前的作品，而无须从头开始。这不仅节省了时间和劳力，而且确保了作品风格的连贯性。

（3）实现精确控制。通过调整种子值，创作者能够精细地调整生成的图像，同时保持整体的风格和感觉一致。这为创作者提供了更大的创作空间，使他们能够精确实现视觉创意。

（4）促进创意实验。种子值的使用还鼓励创作者进行创意实验。通过改变种子值，他们可以探索不同的视觉效果，从而激发新的创意和灵感。

（5）优化资源管理。在大型项目中，种子值的应用有助于更高效的资源管理。它使项目团队能够在项目的不同部分或不同时间点重用相同的图像资源，确保了整体项目的风格一致性。

为了利用种子值和提示词，我们可以在作图规则的Instructions上加上如下规则：

－在每幅图展示之后，都紧随着展示：1.图片的种子值；2.图片的详细的中文提示词。

为了验证种子值在图片重用和修改中的有效性，接下来进行测试。这些测试旨在展示如何通过使用种子值来重现特定的图像，并在此基础上进行修改。

1. 初始图片生成测试

我们首先生成了一张图像（见图10.16），并记录其对应的种子值和提示词，系统对生成图像的具体反馈如下所示。

这是根据您的描述创作的插图。请查看以下具体信息。

图片的种子值：2624424652

图片的详细中文提示词：年轻的男学生小明，身材高大，眼睛明亮，鼻子高挺，黑色短发，表情冷酷，穿着白色衬衫，领口系着橙色领带，在草地上奔跑。画面采用中景视角，展现广阔的草地，强调小明在开阔空间中的孤独身影。这幅插图的氛围紧张，色彩鲜艳，充满少女漫画风格的青春活力。图片比例为 16:9。

如果您对这幅插图有任何修改意见或需要进一步的帮助，请告诉我。

图 10.16　种子测试初始图

结果：从图 10.16 中可以看到，生成的图片不仅符合我们的要求，而且种子值和提示词也被正确记录，证实了初始生成过程的成功。

2. 利用种子值重现图片测试

接着，我们使用先前生成图片的种子值来重新生成图像。在对话框中输入以下内容：

请展示种子值为 2624424652 的图片。

插图助手将会给出以下反馈（见图 10.17）：

这是您要求的插图，使用了种子值 2624424652。您可以在这里查看它。

如果您对这幅插图有任何修改意见或需要进一步的帮助，请随时告诉我。

结果：根据插图助手的反馈，展现的图像与原始图像基本一致，说明利用种子

图 10.17　种子测试重现图

值确实可以精确重现先前的图片。

3. 基于种子值的图片修改测试

接下来，我们基于种子值对原始图像进行修改测试，输入以下指令：

请以种子值为 2624424652 的图片为基础进行修改，在上方加个太阳。

结果：根据插图助手GPT的反馈，结果如图10.18所示，修改后的图像在保持原有基本元素不变的同时，成功地按照要求添加了太阳。

图 10.18　种子测试修改图

这一系列的测试展示了种子值在图片重用和修改过程中的实际应用价值。通过这些步骤，我们能够看到利用种子值不仅可以精确重现特定的图像，还能在保持原有特征的基础上进行定制化修改。这为解决图片重用问题提供了有效的技术手段，对于那些需要在不同场景中维持图像一致性的创作任务尤为重要。

10.3 插图助手测试

为了全面评估插图助手GPT的性能和适应性，我们进行了一系列的测试，涵盖了从单纯景色的插图到人物与景色相结合的复杂场景的插图。以下是具体的测试内容与分析。

10.3.1 单纯景色插图测试

测试描述：要求插图助手GPT根据详细的文字描述生成一幅清晨校园的景色，使用少女漫画风格。

接下来我们为插图助手提供详细的描述，具体如下所示。

请使用少女漫画的风格画一幅图：清晨的校园沐浴在柔和的阳光下，一片宁静而祥和。草坪上的露水在初升的阳光下闪烁着微光，仿佛铺上了一层薄薄的银纱。草叶挂着晶莹的露珠，随着微风轻轻摇曳，散发出清新的气息。学校的建筑物在晨光的照耀下，看起来更加庄重而安静。教学楼的窗户反射出金色的光芒。图书馆的大门紧闭，楼前是刚被修剪过的灌木。远处的花坛里，各种花含苞待放，似乎也在享受这份宁静的时刻。一些早熟的花儿已经悄然绽放，点缀着校园的角落。树木的枝条在晨风中轻轻摆动，树叶沙沙作响，伴随着远处鸟儿的啼鸣，构成了一首宁静的清晨乐章。整个校园像被施了魔法一般，处于一种静谧的状态，仿佛在等待着师生们的到来，给这片安宁的空间注入生机与活力。这是一个新的开始，让生活充满了希望和可能。

插图助手GPT将会根据输入做出反馈，具体内容如下所示（所输出的图片如图10.19所示）。

这是我为您创作的插图，使用了适合年轻女性读者的漫画风格，描绘了清晨阳光下宁静而祥和的校园场景。图中展示了草坪上的露水在初升阳光下闪烁着微光，草叶挂着晶莹的露珠。学校的建筑在晨光中显得庄重而安静，图书馆大门紧闭，楼前有整齐的灌木丛。远处的花坛里的花含苞待放，树木的枝条在晨风中轻轻摆动，营造出一种静谧而充满期待的氛围。

图片的种子值是2756171250。图片的详细中文提示词是："适合年轻女性读者的漫画风格，描绘清晨阳光下宁静而祥和的校园场景。草坪上的露水在初升阳光下闪烁，草叶挂着晶莹露珠。学校建筑在晨光中显得庄重安静，图书馆大门紧闭，楼前有整齐的灌木丛。远处花坛里的花含苞待放，树木枝条在晨风中轻摆，营造静谧的氛围。整个校园仿佛被施了魔法，静静等待师生的到来，每个清晨都充满希望和可能，图像捕捉到新的一天的平和与希望的开始，尺寸为16:9。"

图10.19　场景测试图

测试结果：根据图10.19，可以看到插图助手成功捕捉到清晨校园的平和氛围，包括闪烁的露水、散发清新气息的草坪和庄重安静的学校建筑，展现了文本描述中的静谧氛围。

10.3.2　测试两个人物的插图

测试描述：依据前文中描述的小芳与小红的形象，确定是放学后走在街道上的场景，要求画出具体的画面。

我们可以向插图助手GPT明确需求，具体的输入如下所示。

请画一幅插图：小芳和小红放学后，一起经过一条街道，街道上人很少，平静的气氛。

并在插图助手要求更进一步的信息后输入：

1. 现代化的日式街道，两边有一些店铺；2. 正面视角；3. 16:9；4. 宁静氛围。

插图助手反馈如下（所输出图片如图10.20所示）：

这是我为您创作的插图，展示了小芳和小红放学后一起走过现代化的日式街道的场景。图中有几家店铺，氛围宁静。两位女生以正面视角展示，整体色彩符合青春、阳光的主题。请查看插图，看是否符合您的需求。

图片的种子值是 355485199。图片的详细中文提示词是："现代化的日式街道漫画风格，氛围平静。街道两侧有不同的店铺，周围人很少。前景是两名年轻的女学生，小芳和小红，放学后一起走路。小芳有一头中等长度的棕色短发，穿着白色衬衫，打着橙色领带。小红身材高挑，黑色长发披肩，穿着白色衬衫，打着橙色领结。视角为正面，整体色调充满青春活力，尺寸为 16:9。"

图 10.20　多人物测试图

测试结果：从图 10.20 中可以看出，插图助手精确捕捉到了街道的细节、人物动态和整体氛围，呈现出了一个符合提示词描述的场景。

10.3.3　测试人物与景色结合的插图

测试描述：根据描述生成一幅插图，即小明独自坐在河边看日落的画面。

我们可以向插图助手 GPT 明确需求，具体的输入如下所示。

请生成一幅画：小明独自一人坐在河边的长凳上，目不转睛地凝视着西边的天际。夕阳缓缓落下，将天空染成了一片金黄。他看着天边的云彩，由橙色渐变为淡紫，心中涌起了一种难以言喻的感触。阳光在河面上洒下斑斓的光点，波光粼粼，宛如无数跳动的小火花。小明的眼中映出了这美丽的景色，他的内心平静而满足。在这一刻，日常生活中的烦恼似乎都随着日落的余晖一起溶解了。他深深地吸了一口气，感受着周围的宁静，心中充满了感激和宁静。日落的美景让他感到生活的每一个瞬间都是如此珍贵，值得去珍惜和欣赏。

插图助手GPT输出的结果如图10.21所示。

图 10.21　人物–场景测试图

测试结果：图10.21展现了小明独坐长凳、凝视夕阳的场景。插图细腻地呈现了夕阳下的河面、变幻的云彩和小明平静的表情，完美地诠释了提示词中描述的情感和氛围。

10.3.4　综合测试结果

我们在以上的测试基础上进行综合性测试，结果分析如下所示。

效率与创造性：从测试中可以看出，插图助手GPT能够快速响应，有效节省时间和资源，同时每幅图像都展现了高度的创造性，满足了艺术和设计的需求。

定制化与灵活性：测试反馈表明，插图助手GPT具有高度的灵活性和可定制性，能够根据用户的具体需求生成各种风格和主题的图像。

重用性与用户体验：每幅图像都附带种子值和提示词，方便未来的重用和修改。同时，用户交互流程简单直观，确保了良好的用户体验。

综上，插图助手 GPT 在完成任务目标方面表现出色，无论是在艺术创作、个性化定制，还是用户交互方面，都展现了其强大的功能和实用性。

10.4　注意事项

本实例中，还有一些注意事项，内容如下所示。

1. 优化人物特征描述

在使用插图助手 GPT 时，如果提示词中包含过多的人物特征，插图助手 GPT 可能会忽略掉一些认为次要的特征。因此在描述中要避免包含过多的人物特征，专注于最关键和显著的几个特征。此外，过于详细的描述可能导致重要信息被忽略，要尽量保持描述的简洁性。在描述时，按照特征的重要性进行排序，确保最关键的特征被优先考虑。

2. 处理非英文语言的转换

ChatGPT 在处理非英文语言的提示词时，通常会先将其翻译成英文，然后基于英文执行操作。由于这种处理机制，使用英文提示词通常会比中文或其他非英文语言更准确。使用非英文语言时，需注意翻译的准确性，以避免误解或语境错误。如果条件允许，建议直接使用英文输入，以提高处理的准确性和效率。

3. 重新生成 DALL·E 图片

使用 DALL·E 生成图片时，每次生成的图片可能都会有所不同。如果生成的图片不符合预期，可以选择重新生成。每次尝试都可能产生不同的图片效果，可能需要多次尝试，才能获得理想的结果。

第11章
搭建足球比赛查询 GPT

本章我们将深入学习如何利用API创建一个专门用于查询足球比赛的GPT。本章的核心在于，我们将抛开Zapier，直接利用外部API来实现所需的Actions。这种方法要求读者具备入门级的编程知识，因为它涉及更为复杂的技术操作和理解。因此，这部分内容被视为本书中最高级的学习内容，旨在向读者展示如何结合编程技能和GPT技术，创建一个高度定制化且功能强大的足球比赛查询工具。通过这个实战案例，读者不仅能够学习到如何实际应用API与GPT的结合，还能够提升自己在编程和人工智能领域的综合能力。

11.1 足球比赛查询 GPT 介绍

足球比赛查询GPT旨在提供全面、准确且及时的足球信息，包括最新比赛数据、球员信息和联赛榜单，以满足用户的各种查询需求。同时，它注重优化用户体验，确保信息展示清晰、响应迅速，并保持数据的准确性和可靠性，从而有效提升用户的查询体验。

1. 足球比赛查询 GPT 实例的学习目标

在之前的实例中，学习了如何使用Zapier来创建GPT的动作。Zapier

并不包含所有API，因此在某些情况下，需要的Actions仅通过Zapier可能无法实现。本实例的重点是学习如何调用外部API来完成动作，以弥补Zapier的局限性。

（1）使用外部API来创建定制化GPTs的Actions。学习如何将外部API集成到GPT中，以便GPT能够调用这些API获取数据。掌握如何根据API的功能和参数创建GPT的动作（Actions），使GPT能够执行特定的数据查询任务。

（2）使用知识库获取相应信息的唯一编号。学习如何构建和维护一个知识库，该知识库包含足球相关的重要信息，如联赛、球队和球员的唯一编号。掌握如何利用知识库中的信息来辅助GPT完成更准确的数据查询，特别是在需要使用特定编号进行查询时。

（3）结合知识库和外部API完成复杂的定制化GPTs的Actions。学习如何将知识库和外部API的数据整合使用，以创建更复杂、功能更全面的GPT动作。掌握如何处理复杂的查询请求，例如同时使用知识库中的编号和外部API获取详细的比赛信息。学习如何在动作中动态地使用知识库和API数据，以便GPT能够根据实时变化的查询需求提供相应的信息。

足球比赛查询GPT实例的学习目标是通过有效地结合外部API和知识库，创建能够处理复杂查询的定制化动作。这不仅涉及技术层面的集成和数据处理，还包括对知识库的持续维护和更新，以确保提供准确和及时的足球相关信息。通过实现这些学习目标，搭建出的GPT能够更有效地满足用户在足球数据查询方面的多样化需求。

2. 足球比赛查询 GPT 的任务目标

足球比赛查询GPT的任务目标是成为一个全面、准确及时的足球信息查询工具。它不仅能够提供最新的比赛信息和详细的比赛数据，还能根据用户的需求提供球员信息和联赛榜单。此外，GPT还注重用户体验，确保信息展示清晰、响应迅速，同时保持数据的准确性和可靠性。通过实现这些目标，足球比赛查询GPT能够有效地辅助用户获取所需的足球信息，提升他们的查询体验。足球比赛查询GPT的具体任务目标如下所示。

（1）提供最新比赛信息。能够即时提供国内外各大联赛和国际比赛的最新比赛信息。信息包括但不限于比赛结果、比赛日期和时间、参赛队伍、比赛地点等。特别关注热门联赛和国际大赛（如世界杯、欧洲杯）等。

（2）详细展示特定比赛数据。不仅提供包括首发阵容、替补名单、比赛关键事件（如进球、红黄牌、换人）的详细信息，还提供比赛的统计数据，如控球率、射门次数、射正次数等。针对用户指定的比赛，提供深入的数据分析和比赛回顾。

（3）获取球员个人信息和技术数据。不仅提供球员的基本信息，包括年龄、国籍、所在俱乐部、位置等，也提供球员的技术统计数据，如本赛季的出场次数、进球数、助攻数、射门次数、射正次数等。

（4）展示联赛榜单信息。①提供各联赛的当前积分榜，包括球队排名、比赛场次、胜平负、进球数、失球数、净胜球、积分等。②提供射手榜、助攻榜，展示当前赛季表现最佳的球员。③提供红黄牌榜，展示赛季累计红黄牌最多的球员。

（5）提供用户友好的交互。提供简单直观的查询指令格式，使用户易于理解和使用。信息展示清晰有序，便于用户快速获取所需信息。

（6）进行快速响应和数据更新。确保数据源的实时更新，以提供最新的比赛信息。优化响应速度，减少用户等待时间，提高查询效率。

（7）确保准确性和可靠性。确保提供的所有信息来源均可靠，数据准确无误。在提供数据时，注重数据的真实性和完整性，避免误导用户。

3. 足球比赛查询 GPT 的使用场景

（1）足球迷的日常查询。

①比赛结果查询：足球迷可以快速获取他们关注的联赛或球队的最新比赛结果，包括比分、进球球员等信息。

②球队表现追踪：追踪特定球队在赛季中的表现，包括联赛排名、胜负记录等。

③球员统计数据查询：查询特定球员的赛季表现，如进球数、助攻数、出场次数等。

（2）足球相关新闻和媒体报道。

①撰写比赛报道：新闻记者和体育博主可以使用此 GPT 来获取比赛的关键数据，以撰写详细的比赛报道。

②数据分析和评论：体育分析师可以利用 GPT 提供的数据进行深入的分析，撰写专业的比赛分析和评论。

（3）足球俱乐部和组织调整策略。

①比赛策划和分析：俱乐部工作人员可以使用 GPT 来获取对手的比赛数据，帮助教练团队制定比赛策略。

②球员表现评估：俱乐部管理层可以查询球员的技术数据，用于评估球员的表现和制定转会策略。

（4）足球赛事预测和博彩。

①赛事预测：足球预测专家和博彩爱好者可以利用 GPT 提供的详细数据来分析即将到来的比赛，以做出更准确的预测。

②博彩数据参考：博彩公司可以使用 GPT 来获取最新的比赛数据，作为设定赔率的参考。

（5）教育和学术研究。

①足球教学和培训：教练和训练机构可以利用 GPT 提供的数据来教授学生足球知识，如比赛策略、球员位置等。

②学术研究：学者和研究人员可以使用 GPT 来收集足球比赛的数据，进行相关的体育学或社会学研究。

（6）个人兴趣和娱乐。

①足球游戏和模拟：足球游戏爱好者可以使用 GPT 来获取实时数据，增强游戏的现实感和深度。

②足球社区交流：足球论坛和社交媒体用户可以利用 GPT 来获取数据，丰富他们的讨论和交流。

足球比赛查询 GPT 的使用场景广泛，涵盖了从日常足球迷的比赛追踪到专业新闻报道、俱乐部管理、赛事预测、教育培训，乃至个人娱乐等多个领域。通过提供快速、准确的足球比赛数据和信息，GPT能够满足不同用户群体的多样化需求，成为获取和分析足球信息的重要工具。

4. 足球比赛查询 GPT 的目标用户

（1）足球迷。

①个人爱好者：对足球有浓厚兴趣的个人，希望快速获取最新比赛结果、球队动态或球员信息。

②社区成员：活跃在足球论坛和社交媒体上的用户，需要实时数据来参与讨论和分享。

（2）体育媒体从业者。

①体育记者和编辑：需要及时准确的比赛数据来撰写新闻报道和评论。

②体育博主和内容创作者：在线上平台分享足球相关的内容，需要丰富的数据支持他们的分析和观点。

（3）足球俱乐部和组织。

①教练和技术分析师：用于比赛准备和对手分析，获取对手和自身球队的详细比赛数据。

②俱乐部管理人员：用于评估球员表现和制定转会策略。

（4）赛事预测和博彩行业。

①赛事分析师：依赖详细的比赛数据来进行赛事预测和分析。

②博彩爱好者：需要最新的比赛信息和统计数据来指导博彩决策。

（5）足球游戏爱好者。

①虚拟足球游戏玩家：使用实时数据来增强游戏体验，如足球经理模拟游戏。

②足球数据模拟爱好者：对足球数据进行模拟和分析，作为个人兴趣。

足球比赛查询GPT的目标用户群体非常广泛，从普通足球迷到专业的体育媒体从业者，再到足球俱乐部和博彩行业等。这个工具能够满足不同用户在获取足球信息、进行比赛分析、制定策略和参与社区讨论等方面的需求。通过提供实时、准确的足球比赛数据和分析，足球比赛查询GPT成为这些用户群体中不可或缺的助手。

11.2　足球比赛查询 GPT 的搭建

11.2.1　创建足球比赛查询 GPT

我们首先要创建足球比赛查询 GPT，简述步骤如下所示。

（1）创建足球比赛查询 GPT。

①交互语言设定：确保整个创建和配置过程都使用中文进行交流。

②功能定义：创建一个 GPT，专门用于通过第三方接口查询足球比赛的信息。这包括当天的比赛信息等。

③名称设定：为该 GPT 命名为"足球比赛查询"。

（2）设计 LOGO。

①LOGO 要求：要求 LOGO 色彩简单、线条清晰，并且包含足球元素。

②确认 LOGO：在系统生成 LOGO 后，检查并确认。若满意，则输入"照此生成"以确认该 LOGO。

（3）确定 GPT 特点和原则。

①特点设定：强调该 GPT 需要提供最新的、详细的数据。

②回应系统询问：对于系统提出的避免错误或内容的建议，若没有异议，则进行回答确认。

（4）选择个性化设置。

个性选择：在系统询问个性化设置时，选择"专业客观"作为 GPT 的主要特性。

（5）最终创建。

完成创建：根据上述设定和选择，最终创建此足球比赛查询 GPT。

通过上述步骤，可以顺利完成足球比赛查询 GPT 的创建和配置。这个过程涉及语言设定、功能定义、LOGO 设计、特点和原则的确定，以及个性化设置的选择。确保每一步根据需求准确执行，以创建一个符合预期的、高效的足球比赛查询工具。

11.2.2 修改 Configure 的内容

完成GPT的创建后，需要对其进行进一步的配置，以确保其按预期工作。以下是需要配置的内容。

（1）更新Instructions规则。在GPT的Instructions部分加入特定的规则，具体需要添加的规则如下所示。

展示规则

– 对于榜单，请使用表格展示。

– 对于一般展示，请尽量用分割线分开。

（2）修改Conversation starters。将Conversation starters部分修改为新的内容，具体的对话如下所示。

请问最新的欧洲杯比赛比分是怎样的？

请展示最新十场英超联赛的比赛结果。

请提供最新的西甲积分榜。

我需要上个赛季的意甲射手榜。

（3）调整Capabilities设置。功能选择：选中"Web Browsing"复选框，使GPT能够浏览网络获取信息。同时选中"DALL·E Image Generation"，赋予GPT生成图像的能力。

（4）查看总体结果。结果确认：根据上述设置，查看GPT的总体配置结果，如图11.1所示。

通过上述步骤，可以确保GPT根据特定的需求和功能进行适当的配置。不管是添加规则、更新对话启动器内容还是选择合适的功能，都是确保GPT有效运行的关键环节。

图 11.1　初始配置图

Description

专业提供足球比赛实时比分

Instructions

这个 GPT 名为"足球比赛查询"，专注于提供最新和详尽的足球比赛信息。它通过第三方接口查询并呈现包括比赛时间、队伍、比分和比赛地点等详细信息。这个GPT的主要指导原则是提供尽可能详细的数据和分析，重点在于数据的实时性和全面性。它会以专业和客观的态度与用户交流，确保信息的及时更新和准确性。它将避免提供推测性分析或足球比赛无关的信息。
###展示规则
- 对于榜单，请使用表格展示。

Conversation starters

请问最新的欧洲杯比赛比分是怎样的？	✕
请展示最新十场英超联赛的比赛结果。	✕
请给我最新的西甲积分榜	✕
请给我上个赛季的意甲射手榜。	✕
	✕

Knowledge

If you upload files under Knowledge, conversations with your GPT may include file contents. Files can be downloaded when Code Interpreter is enabled

Upload files

Capabilities

☑ Web Browsing
☑ DALL·E Image Generation
☐ Code Interpreter ⓘ

图 11.1　初始配置图（续）

11.3 添加足球查询 Actions

11.3.1 获取足球信息 API

在 RapidAPI 中获取足球相关 API 的详细步骤如下。

1. 注册账号

（1）访问 RapidAPI 官网：打开浏览器，输入网址 https://rapidapi.com/，访问 RapidAPI 的官方网站。

（2）进入注册界面：在网站的右上角找到并单击"Sign Up"（注册）按钮，这会打开注册页面。

（3）填写注册信息：在注册页面上，填写所需要的个人信息，包括用户名和经验等信息，具体如图 11.2 所示。

（4）提交注册信息：填写完毕后，单击页面上的提交按钮，完成注册流程。

2. 订阅 API

（1）搜索并访问 API 页面：登录 RapidAPI 账号后，在搜索栏中输入"API-FOOTBALL"，或直接访问 API-FOOTBALL 页面。

（2）开始订阅流程：在 API-FOOTBALL 页面上，找到并单击 "Subscribe to Test" 按钮，进入订阅选项页面，如图 11.3 所示。

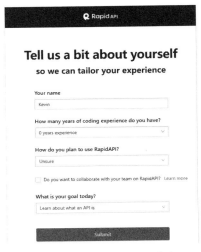

图 11.2　RapidAPI 注册页面

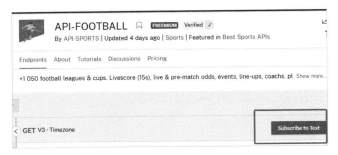

图 11.3　订阅入口

（3）选择订阅计划：在订阅选项中，可以选择"Basic"（基础）计划，这是一个免费计划，如图 11.4 所示。

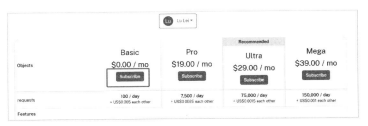

图 11.4　订阅计划选择

（4）输入信用卡信息：即使选择了免费计划，也需要输入信用卡信息进行验证。

（5）确认并完成订阅：输入信用卡信息后，单击"Subscribe"（订阅）按钮，确认并完成 API 的订阅，如图 11.5 所示。

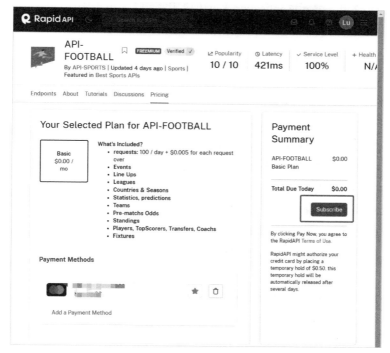

图 11.5　订阅确认

3. 查看 API

（1）返回 API 详情页面：订阅完成后，返回到 API–FOOTBALL 的页面，查看提供的 API 端点和相关文档。

（2）进行 API 测试：在 API 页面上，利用测试功能检查 API 的响应和功能。

4. 获取 API Key

（1）创建新的 App：在 RapidAPI 账号中，单击右上角的"Apps"（应用）菜单，进入创建新 App 的页面。

（2）填写 App 信息：在新页面上，单击"Add New App"（添加新应用）按钮，填写新 App 的名称和选择网关。

（3）查看并复制 API Key：在新建的 App 页面下，找到"Authorization"（授权）菜单，显示 Application Key（应用密钥）。单击眼睛图标显示 API Key，并进行复制，此 API Key 将会用于其后的 GPT Actions 的认证配置。

5. 根据需求选择 API

在注册并订阅足球 API 后，选择以下 9 个 API 进行使用。

（1）获取比赛结果。

名称：GetFootballFixtures。

参数：last（场数），league（联赛编号），team（队伍编号）。

作用：获取联赛或队伍的最近几场比赛的信息。

（2）获取比赛事件。

名称：GetFootballFixturesEvents。

参数：fixtures（场次编号）。

作用：获取某场比赛的事件。

（3）获取比赛阵容。

名称：GetFootballFixturesLineups。

参数：fixtures（场次编号）。

作用：获取某场比赛的阵容。

（4）获取球员信息及数据。

名称：GetPlayerInformation。

参数：player（球员编号），season（赛季）。

作用：获取球员的基本信息及该赛季的数据。

（5）获取联赛积分榜信息。

名称：GetStandings。

参数：league（联赛编号），season（赛季）。

作用：获取某联赛某个赛季的积分榜。

（6）获取联赛射手榜。

名称：GetTopscorers。

参数：league（联赛编号），season（赛季）。

作用：获取某联赛某个赛季的射手榜。

（7）获取联赛助攻榜。

名称：GetTopassists。

参数：league（联赛编号），season（赛季）。

作用：获取某联赛某个赛季的助攻榜。

（8）获取联赛红牌榜。

名称：GetTopredcards。

参数：league（联赛编号），season（赛季）。

作用：获取某联赛某个赛季的红牌榜。

（9）获取联赛黄牌榜。

名称：GetTopyellowcards。

参数：league（联赛编号），season（赛季）。

作用：获取某联赛某个赛季的黄牌榜。

11.3.2　添加 Actions

根据我们上文获取的 API，我们可以添加所需的 Actions。

1. 创建 Actions

我们先进入 Actions 创建页面，在 GPT 的 "Configure" 页面单击 "Create new actions" 按钮，进入 Actions 创建页面。

然后选择示例模板，在 Schema 的 "Examples"（示例）下拉菜单中选择 "Weather（JSON）" 作为模板。这将在 Schema 输入框里展示该 Action 的示例，如图 11.6 所示。

接着修改 Schema，将示例 Schema 复制出来，并根据之前选择的 9 个与足球相关的 API 的文档进行相应修改。

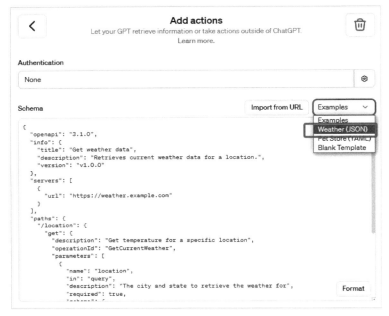

图 11.6 Schema 示例

修改后的 Schema 应包含之前选择的 9 个 API 的相关信息和格式，具体如下所示：

```
{
  "openapi": "3.1.0",
  "info": {
    "title": "Get Football fixtures data",
    "description": "Get the Football infomation.",
    "version": "v1.0.0"
  },
  "servers": [
    {
      "url": "https://api-football-v1.p.rapidapi.com"
    }
  ],
  "paths": {
```

```
    "/v3/fixtures": {
      "GET": {
        "description": "Get Football fixtures",
        "operationId": "GetFootballFixtures",
        "parameters": [
          {
            "name": "league",
            "in": "query",
            "description": "the league ID",
            "required": false,
            "schema": {
              "type": "number"
            }
          },
          {
            "name": "team",
            "in": "query",
            "description": "the team ID",
            "required": false,
            "schema": {
              "type": "number"
            }
          },
          {
            "name": "last",
            "in": "query",
            "description": "Get the lasted fixtures of
Football",
            "required": false,
            "schema": {
              "type": "number"
            }
          }
        ],
```

```
              "deprecated": false
          }
      },
      "/v3/fixtures/events": {
        "GET": {
          "description": "Get Football fixtures events",
          "operationId": "GetFootballFixturesEvents",
          "parameters": [
            {
              "name": "fixture",
              "in": "query",
              "description": "the fixture ID",
              "required": false,
              "schema": {
                "type": "number"
              }
            },
            {
              "name": "player",
              "in": "query",
              "description": "the player ID",
              "required": false,
              "schema": {
                "type": "number"
              }
            },
            {
              "name": "team",
              "in": "query",
              "description": "the team ID",
              "required": false,
              "schema": {
                "type": "number"
              }
```

```
          }
        ],
        "deprecated": false
      }
    },
    "/v3/fixtures/lineups": {
      "GET": {
        "description": "Get Football fixtures lineups",
        "operationId": "GetFootballFixturesLineups",
        "parameters": [
          {
            "name": "fixture",
            "in": "query",
            "description": "the fixture ID",
            "required": false,
            "schema": {
              "type": "number"
            }
          },
          {
            "name": "team",
            "in": "query",
            "description": "the team ID",
            "required": false,
            "schema": {
              "type": "number"
            }
          }
        ],
        "deprecated": false
      }
    },
    "/v3/players": {
      "GET": {
```

```
        "description": "Get player information by ID",
        "operationId": "GetPlayerInformation",
        "parameters": [
          {
            "name": "id",
            "in": "query",
            "description": "the player ID",
            "required": true,
            "schema": {
              "type": "number"
            }
          },
          {
            "name": "season",
            "in": "query",
            "description": "the season of league",
            "required": false,
            "schema": {
              "type": "number",
              "default": 2023
            }
          }
        ],
        "deprecated": false
      }
    },
    "/v3/standings": {
      "GET": {
        "description": "Get standings by league and
season",
        "operationId": "GetStandings",
        "parameters": [
          {
            "name": "league",
```

```
            "in": "path",
            "description": "the league ID",
            "required": true,
            "schema": {
              "type": "number"
            }
          },
          {
            "name": "season",
            "in": "path",
            "description": "the season of league",
            "required": true,
            "schema": {
              "type": "number"
            }
          }
        ],
        "deprecated": false
      }
    },
    "/v3/players/topscorers": {
      "GET": {
        "description": "Get tops corers by league and
season",
        "operationId": "GetTopscorers",
        "parameters": [
          {
            "name": "league",
            "in": "query",
            "description": "the league ID",
            "required": true,
            "schema": {
              "type": "number"
            }
```

```
          },
          {
            "name": "season",
            "in": "query",
            "description": "the season of league",
            "required": true,
            "schema": {
              "type": "number"
            }
          }
        ],
        "deprecated": false
      }
    },
    "/v3/players/topassists": {
      "GET": {
        "description": "Get topassists by league and
season",
        "operationId": "GetTopassists",
        "parameters": [
          {
            "name": "league",
            "in": "query",
            "description": "the league ID",
            "required": true,
            "schema": {
              "type": "number"
            }
          },
          {
            "name": "season",
            "in": "query",
            "description": "the season of league",
            "required": true,
```

```
            "schema": {
                "type": "number"
            }
        }
    ],
    "deprecated": false
    }
},
"/v3/players/topredcards": {
    "GET": {
        "description": "Get top redcards by league and season",
        "operationId": "GetTopredcards",
        "parameters": [
            {
                "name": "league",
                "in": "query",
                "description": "the league ID",
                "required": true,
                "schema": {
                    "type": "number"
                }
            },
            {
                "name": "season",
                "in": "query",
                "description": "the season of league",
                "required": true,
                "schema": {
                    "type": "number"
                }
            }
        ],
        "deprecated": false
```

```
      }
    },
    "/v3/players/topyellowcards": {
      "GET": {
        "description": "Get top yellowcards by league
and season",
        "operationId": "GetTopyellowcards",
        "parameters": [
          {
            "name": "league",
            "in": "query",
            "description": "the league ID",
            "required": true,
            "schema": {
              "type": "number"
            }
          },
          {
            "name": "season",
            "in": "query",
            "description": "the season of league",
            "required": true,
            "schema": {
              "type": "number"
            }
          }
        ],
        "deprecated": false
      }
    }
  },
  "components": {
    "schemas": {}
  }
}
```

将修改后的Schema覆盖掉原有内容。完成后，系统将展示根据9个API生成的动作，如图11.7所示。

图 11.7　Actions列表

2. 添加认证方式

我们首先进入认证配置页面，在Edit actions（编辑动作）的界面中，单击第一列的Authentication（认证），进入认证方式配置页面。

然后选择认证类型，在Authentication Type（认证类型）中选择"API Key"；在Auth Type（授权类型）中选择"Custom"（自定义）。

接着填写认证信息，根据系统提示，填入之前获取的"API Key"和"Custom Header Name"。对于"API Key"，来源于上文所申请的"API Key"。而对于"Custom Header Name"，填写"X-RapidAPI-Key"，这是根据API-Football页面中的示例所得出的标准头部名称。

最后保存配置，完成API Key和Custom Header Name的填写后，单击"Save"（保存）按钮，完成认证方式的配置。

通过上述步骤，可以成功地为GPT创建并配置动作，这包括选择和修改动作的模板，以及设置API的认证方式。这些步骤确保了GPT能够正确地与外部API进行交互，获取所需的足球比赛相关信息。完成这些配置后，GPT将能够根据用户的请求调用相应的API，提供相关数据和信息。

11.3.3 上传资料库

为了根据联赛获取特定场次的比赛信息，首先需要知道联赛的编号。为了达到此目的，我们将联赛编号作为关键信息告知 GPT，以便在查询比赛信息时使用。整理和细化使用 API 获取联赛编号并配置 GPT 的步骤如下所示。

（1）获取联赛编号。为了获取各个联赛的编号信息，使用 API-Football 的 API 来完成。这个 API 提供了所有联赛的详细信息，包括它们的唯一编号。调用上述 API 后，将获取到的所有联赛的编号信息复制进文本文件，并保存。

（2）上传至知识库。在 GPT 的配置界面中，找到知识库（Knowledge）部分。将包含联赛编号的文本文件上传到知识库里，完成后如图 11.8 所示。

图 11.8　知识库配置

（3）配置 GPT 动作。上传知识库后，当需要查询特定联赛的比赛信息时，GPT 会首先访问知识库。在知识库中，GPT 会自动查找输入的联赛名称对应的编号。

（4）动作参数的应用。例如，当用户输入"请提供最近十场英超的比赛结果"时，GPT 会在知识库中搜索到英超联赛的编号为 39。GPT 随后使用这个编号作为参数，调用 GetFootballFixtures 接口，获取并提供所请求的比赛结果。

通过上述步骤，可以有效地将联赛编号信息集成到 GPT 的知识库中。这使得 GPT 能够在接收到关于特定联赛的查询请求时，自动从知识库中检索相应的联赛编号，并使用这些编号作为 API 调用的参数。这样的配置提高了 GPT 处理特定足球比赛查询请求的效率和准确性。

11.4 足球比赛查询测试

因为完成该 GPT 的步骤比较多，且需要所有步骤都完成后才能进行测试，因而，我们此处不再赘述每一步的测试，只对完成后的 GPT 进行测试。

11.4.1 测试获取最新比赛

获取最新比赛的测试涉及三个方面，具体如下所示。

1. 测试世界杯预选赛最新比赛

输入请求："请提供世界杯最近五场比赛。"

系统反馈：展示了最近的五场世界杯比赛的结果，信息清晰、有条理，具体结果如下所示。

以下是世界杯最近的五场比赛结果：

1. 阿根廷 vs 法国

日期：2022-12-18

场地：Lusail Iconic Stadium, Lusail

比赛阶段：决赛

比分：阿根廷 3 - 3 法国（点球：阿根廷 4 - 2 法国）

2. 克罗地亚 vs 摩洛哥

日期：2022-12-17

场地：Khalifa International Stadium, Ar-Rayyan

比赛阶段：三四名决赛

比分：克罗地亚 2 - 1 摩洛哥

3. 法国 vs 摩洛哥

日期：2022-12-14

场地：Al Bayt Stadium, Al Khor

比赛阶段：半决赛

比分：法国 2 - 0 摩洛哥

4. 阿根廷 vs 克罗地亚

日期：2022-12-13

场地：Lusail Iconic Stadium，Lusail

比赛阶段：半决赛

比分：阿根廷 3 - 0 克罗地亚

5. 英格兰 vs 法国

日期：2022-12-10

场地：Al Bayt Stadium，Al Khor

比赛阶段：四分之一决赛

比分：英格兰 1 - 2 法国

这是根据我获取的最新数据为您提供的最近五场世界杯比赛的结果。

2. 测试获取英超联赛最新比赛

输入请求："请展示最近十场英超联赛的比赛结果。"

系统反馈：如期返回了最近的十场英超比赛结果，展示方式清晰、符合提问需求。

3. 测试获取特定球队最新比赛

输入请求："请提供曼城队最近的十场比赛，把赛事和比赛场地加上去。"

系统反馈：返回了曼城队最近的十场比赛结果，包含了赛事、场地和比分，信息展示完整、符合提问需求。

11.4.2　测试获取某场比赛的出场阵容及关键事件

下面测试具体比赛的详细信息。

输入请求："获取上面切尔西与曼城的比赛的关键事件及首发阵容。"

系统反馈：正确地展示了该场比赛的关键事件和首发阵容，信息准确、达到预期目标，具体内容如下所示。

切尔西 vs 曼城的关键事件

1. 第21分钟 - 切尔西的 Marc Cucurella 获得黄牌（犯规）。

2. 第 23 分钟 – 切尔西某球员获得黄牌（争吵）。

3. 第 25 分钟 – 曼城的 E. Haaland 进球（点球）。

4. 第 29 分钟 – 切尔西的 Thiago Silva 进球，助攻来自 C. Gallagher。

5. 第 37 分钟 – 切尔西的 R. Sterling 进球，助攻来自 R. James。

6. 第 45+1 分钟 – 曼城的 M. Akanji 进球，助攻来自 Bernardo Silva。

7. 第 47 分钟 – 曼城的 E. Haaland 进球，助攻来自 J. Álvarez。

8. 第 56 分钟 – 曼城的某球员获得黄牌（假摔）。

9. 第 60 分钟 – 切尔西的某球员获得黄牌（犯规）。

10. 第 67 分钟 – 切尔西的某球员进球。

11. 第 72 分钟 – 曼城的 Rodri 获得黄牌（犯规）。

12. 第 86 分钟 – 曼城的 Rodri 进球，助攻来自 E. Haaland。

13. 第 90+5 分钟 – 切尔西的 C. Palmer 进球（点球）。

14. 第 90+7 分钟 – 切尔西的 Raheem Sterling 获得黄牌（犯规）。

15. 第 90+4 分钟 – 曼城的 Jack Grealish 获得黄牌（争吵）。

出场阵容

切尔西

教练：M. Pochettino

阵型：4-2-3-1

首发：Robert Sánchez（G），R. James（D），A. Disasi（D），Thiago Silva（D），Marc Cucurella（D），M. Caicedo（M），E. Fernández（M），C. Palmer（M），C. Gallagher（M），R. Sterling（M），N. Jackson（F）

曼城

教练：Pep Guardiola

阵型：3-2-4-1

首发：Ederson（G），K. Walker（D），Rúben Dias（D），J. Gvardiol（D），Rodri（M），M. Akanji（M），P. Foden（F），J. Álvarez（M），Bernardo Silva（M），J. Doku（F），E. Haaland（F）

这是切尔西与曼城比赛的关键事件及两队的出场阵容。

结论：可以看出，该足球比赛查询 GPT 能够准确获取请求的信息。

11.4.3　测试获取球员信息

下面获取球员信息，以测试球员技术数据。

输入请求："请提供上面提到的 E. Haaland 的上个赛季的技术数据。"

系统反馈：展示了 E. Haaland 上个赛季的技术数据，信息详细、符合查询要求，具体结果如下所示。

Erling Haaland 在 2022 赛季的表现如下所示。

对于曼城队：

英超联赛：出场 35 次，首发 33 次，总计 2779 分钟，射门 107 次，射正 60 次，进球 36 个，助攻 8 次，黄牌 5 张。

英格兰联赛杯：出场 2 次，首发 1 次，总计 107 分钟，射门 3 次，射正 1 次，进球 1 个。

英格兰足总杯：出场 4 次，首发 4 次，总计 311 分钟，射门 8 次，射正 5 次，进球 3 个。

欧洲冠军联赛：出场 11 次，首发 11 次，总计 848 分钟，射门 35 次，射正 26 次，进球 12 个，助攻 1 次，黄牌 1 张。

友谊赛：出场 3 次，首发 2 次，总计 117 分钟，进球 2 个。

对于挪威国家队：

欧洲国家联赛：出场 6 次，首发 6 次，总计 501 分钟，射门 17 次，射正 12 次，进球 6 个，助攻 1 次。

友谊赛：出场 2 次，首发 2 次，总计 127 分钟，进球 3 个。

Erling Haaland 的这一赛季表现证实了他是一名出色的射手，具有显著的进球能力和对比赛的重要影响。他在各项赛事中都展现了他的进球技巧和对球队的贡献。

结论：从以上结果可以看出，该足球比赛查询 GPT 能够准确获取请求的信息。

11.4.4　测试获取榜单信息

获取榜单的信息包括积分榜、射手榜、助攻榜、红牌榜、黄牌榜，下面通过两个例子来测试。

1. 测试获取积分榜信息

输入请求："请提供英超这个赛季的积分榜。"

系统反馈：展示了英超当前赛季的积分榜，信息完整、以表格形式清晰展现，具体结果如图 11.9 所示。

足球比赛查询

Talked to api-football-v1.p.rapidapi.com

截至2023年12月17日，本赛季英超联赛的积分榜如下：

排名	球队名称	比赛场次	胜	平	负	进球数	失球数	净胜球	积分
1	利物浦	16	11	4	1	36	15	21	37
2	阿森纳	16	11	3	2	33	15	18	36
3	阿斯顿维拉	16	11	2	3	35	20	15	35
4	曼城	17	10	4	3	40	20	20	34
5	托特纳姆热刺	17	10	3	4	35	23	12	33
6	纽卡斯尔	17	9	2	6	36	21	15	29
7	曼联	16	9	0	7	18	21	-3	27
8	布莱顿	16	7	5	4	33	28	5	26
9	西汉姆联	16	7	3	6	26	30	-4	24
10	切尔西	17	6	4	7	28	26	2	22
11	富勒姆	17	6	3	8	26	29	-3	21
12	布伦特福德	16	5	4	7	23	22	1	19
13	狼队	16	5	4	7	21	26	-5	19
14	伯恩茅斯	16	5	4	7	21	30	-9	19
15	水晶宫	17	4	5	8	17	25	-8	17
16	埃弗顿	17	4	4	9	22	20	2	16
17	诺丁汉森林	17	3	5	9	17	30	-13	14
18	卢顿	16	2	3	11	17	32	-15	9
19	伯恩利	17	2	2	13	16	36	-20	8
20	谢菲尔德联	17	2	2	13	12	43	-31	8

这张积分榜反映了英超联赛中各队的当前排名和表现情况。利物浦目前位居榜首，而谢菲尔德联和伯恩利则位于降级区。每支球队都还有机会改变自己的排名，因为赛季尚未结束。

图 11.9　获取积分榜效果图

结论：从图 11.9 中可以看出，该足球比赛查询GPT能够准确获取请求的信息。

2. 测试其他榜单信息

输入请求："请提供该赛季的射手榜、助攻榜、红牌榜、黄牌榜。"

系统反馈：依次展示了射手榜、助攻榜、红牌榜、黄牌榜，信息全面、满足查询需求，具体结果如下所示。

以下是英超联赛本赛季的射手榜、助攻榜、红牌榜和黄牌榜的详细信息：

射手榜

埃尔林·哈兰德（曼城）– 18 球

哈里·凯恩（热刺）– 15 球

安东尼（曼联）– 14 球

米哈伊尔·安东尼奥（西汉姆联）– 13 球

亚历山大·伊萨克（纽卡斯尔）– 12 球

助攻榜

埃尔林·哈兰德（曼城）– 11 助攻

布努奇（莱斯特城）– 9 助攻

罗德里（曼城）– 8 助攻

乔纳森·大卫（利物浦）– 7 助攻

马丁·厄德高（阿森纳）– 6 助攻

红牌榜

埃尔林·哈兰德（曼城）– 1 张红牌

贝尔纳多·席尔瓦（曼城）– 1 张红牌

布努奇（莱斯特城）– 1 张红牌

布鲁诺·费尔南德斯（曼联）– 1 张红牌

乔纳森·大卫（利物浦）– 1 张红牌

黄牌榜

埃尔林·哈兰德（曼城）– 5 张黄牌

布努奇（莱斯特城）– 5 张黄牌

罗德里（曼城）– 5 张黄牌

乔纳森·大卫（利物浦）- 5 张黄牌

马丁·厄德高（阿森纳）- 4 张黄牌

以上数据展示了本赛季英超联赛中表现最佳的球员们。在射手榜上，哈兰德以显著的优势领先，而在助攻榜上，他也展现了出色的团队合作能力。红牌和黄牌榜则反映了一些球员在比赛中的激烈竞争和情绪控制方面的挑战。

结论：从以上结果可以看出，该足球比赛查询 GPT 能够获取请求的信息。

11.4.5 测试总结

通过上述测试，可以看出足球比赛查询 GPT 在处理足球相关信息查询方面表现出色。无论是获取最新比赛结果、特定比赛的详细信息、球员技术数据，还是各种榜单信息，GPT 都能准确、高效地提供所需信息。这些测试结果表明，GPT 能够有效地利用外部 API 获取数据，并根据用户的具体请求提供相关信息，显示出其在足球数据处理方面的强大能力和灵活性。

11.5 注意事项

本实例中还有一些注意事项，具体如下所示。

1. 应对 API 调用限制

在使用某些 API 时，可能会遇到调用限制，这可能导致 API 没有返回预期的内容。当发现 API 没有返回内容时，首先登录到相应的 API 供应商平台。查看是否存在调用次数限制或其他使用限制，这些限制可能导致 API 调用失败。检查是否有错误信息或警告提示，这些信息通常可以提供 API 调用失败的线索。根据平台提供的信息，调整 API 的调用方式或频率，以符合供应商的限制要求。

2. GPT 发布时的隐私政策考虑

在发布 GPT 应用时，如果不选择 "Only me"（仅自己可见），则需要考虑隐私政策的问题。如果 GPT 应用对外公开，那么要确保添加明确的隐私政策。隐私政策应包括用户数据的使用、存储、保护等方面的详细说明。确保用户在使用 GPT 前充分了解其隐私政策，保障用户的知情权和数据安全。

第4篇
GPT Store

本篇旨在全面而详细地介绍GPTs的一个关键组成部分——GPT Store（即GPT商店）。GPT Store是一个创新的平台，它允许开发者将自己定制化的GPT模型发布和上架，从而使更广泛的用户群体能够访问和利用这些先进的人工智能工具。本篇将逐步引导开发者了解如何将自己的GPTs成功发布到商店，并提供实用的建议和技巧，以帮助开发者优化上架的GPTs，确保它们能够提供最佳的用户体验和性能。

第12章

GPT Store 介绍

GPT Store 由 OpenAI 推出，是一个专门的平台，旨在展示和提供基于 GPT 技术的定制化应用。在 GPT Store 中，用户可以找到和使用各种定制化的 GPT 应用，这些应用根据特定的需求和场景进行了优化和调整，能够满足用户的具体需求。这个平台为用户提供了一个集中的地方，可以探索和利用基于 GPT 技术的定制化解决方案。

12.1 GPT Store 的特点

GPT Store 通过对定制化 GPTs 应用的独特展示和用户友好的界面设计，为用户提供了一个高效、愉悦的探索和使用体验。这些特点共同确保了GPT Store 不仅是技术创新的展示平台，也是用户和开发者互动和成长的社区。

1. 定制化 GPTs 的展示

GPT Store 的一个显著特点是它对定制化 GPTs 应用的展示方式。这个平台不仅仅是一个简单的应用商店，还是一个展示人工智能创新和定制化解决方案的平台。在这里，用户可以浏览和探索基于 GPT 技术的各种应用，这些应用针对特定的需求和场景进行了优化和调整。

（1）多样化的应用范围：商店中的应用覆盖了从文本生成、语言翻译到复杂数据分析等多个领域。每个应用都是基于GPT技术的独特实现，针对特定的用户需求或行业问题提供相应的解决方案。

（2）易于导航的展示：商店通过直观的分类和清晰的标签，使用户能够轻松找到他们所需的应用。每个应用都配有详细的描述、使用案例和用户评价，帮助用户了解其功能和适用性。

（3）定制化的展示：与传统应用商店不同，GPT Store特别强调每个应用的定制化特征。这意味着用户看到的不仅是一个通用的工具，还是一个为特定任务或需求量身定制的解决方案。

2. 用户界面和体验

GPT Store的用户界面和体验是其成功的关键因素之一。一个直观、易于使用的界面对于吸引和保留用户至关重要。

（1）直观的界面设计：商店的界面设计简洁明了，使用户能够轻松浏览和搜索应用。清晰的布局、直观的导航和视觉上吸引人的元素共同创造了一个用户友好的浏览环境。

（2）个性化体验：商店提供个性化的推荐和搜索功能，能帮助用户根据他们的兴趣和历史使用模式发现新的和相关的应用。这种个性化增强了用户的参与度和满意度。

（3）用户反馈和互动：商店鼓励用户留下反馈和评价，这不仅能帮助其他用户做出更明智的选择，也为应用开发者提供了宝贵的建议，以改进和优化他们的产品。

12.2　应用的分类和用途

GPT Store展示了基于ChatGPT技术的一系列创新和多样化的应用，涵盖了从艺术创作到日常生活的各个方面。这些应用分为几个主要类别，包括DALL·E的图像创作、文本生成和编辑的写作工具、提高工作效率的自动化应用、深入的研究分析工具、程序开发辅助、个性化的教育解决方案及生活领域的实用工具。每个类别都利用ChatGPT技术的独特能力，为用户提供定制化、智能化的服务和体验，从而在他们的专业和个人生活中创造价值。

1. DALL·E类

DALL·E是一个革命性的图像生成工具，基于GPT-3技术。这项技术通过理解和解释用户的语言输入，将其转换成视觉表达。它能够根据用户的文字描述生成具有丰富细节和创意的图像。

DALL·E类GPT的功能和用途如下所示。

（1）创意艺术生成：艺术家和设计师可以使用DALL·E来创作独特的艺术作品，从而拓展他们的创作边界。

（2）广告和品牌设计：营销团队可以利用DALL·E生成吸引人的广告视觉和品牌标识。

（3）娱乐行业应用：在电影和游戏行业，DALL·E可以用于快速原型设计和视觉概念的探索。

DALL·E类GPT的技术特点如下所示。

（1）高度创意的输出：DALL·E能够根据抽象或具体的描述生成具有高度创意的图像。

（2）多样性和灵活性：DALL·E提供广泛的风格和主题选择，满足不同用户的需求。

2. 写作类

写作类GPT利用先进的自然语言处理技术来辅助和增强写作过程。这些GPT应用能够生成文章、报告、剧本等各种文本内容。

写作类GPT的功能和用途如下所示。

（1）内容创作：帮助内容创作者快速生成博客文章、新闻稿件和社交媒体帖子。

（2）编辑和校对：提供语法和风格改进建议，帮助提高写作质量。

（3）创意写作：为小说家和剧本创作者提供创意启发和结构建议。

写作类GPT的技术特点如下所示。

（1）自然语言理解：能够理解复杂的写作指令和文本意图。

（2）风格适应性：根据用户的风格和语境需求调整文本输出。

3. 生产效率类

生产效率类GPT旨在通过自动化常见的办公任务来提高工作效率。这些GPT应用涵盖了邮件管理、日程安排、文档整理等多个方面。

生产效率类GPT的功能和用途如下所示。

（1）自动化办公任务：自动处理办公任务，如自动回复邮件、整理会议记录、管理日程安排等。

（2）项目管理辅助：协助项目管理，如任务分配、进度跟踪和资源协调。

（3）个人助理功能：提供个人助理服务，如旅行安排、日常提醒和信息查询。

生产效率类GPT的技术特点如下所示。

（1）任务自动化：通过自动化处理重复性任务，减少人工工作量。

（2）智能优化：根据用户习惯和偏好，智能优化工作流程和日程安排。

4. 研究分析类

研究分析类GPT专注于利用大数据和复杂算法进行深入的数据分析和研究报告编写。这些GPT应用在学术、市场和数据科学领域中尤为重要。

研究分析类GPT的功能和用途如下所示。

（1）学术研究辅助：帮助研究人员分析数据、撰写论文和文献综述。

（2）市场趋势分析：为市场分析师提供深入的市场研究分析、消费者行为分析和竞争对手分析。

（3）数据可视化：将复杂数据转换为易于理解的图表和报告。

研究分析类GPT的技术特点如下所示。

（1）高效数据处理：利用先进的深度学习算法处理和分析大量数据。

（2）洞察力生成：提供有价值的洞察分析和建议，帮助用户做出更明智的决策。

5. 程序开发类

程序开发类GPT旨在辅助软件开发过程，包括代码生成、调试和优化建议。这些GPT应用通过自动化和智能化提高编程效率和代码质量。

程序开发类GPT的功能和用途如下所示。

（1）代码生成和辅助：自动生成代码片段，提供编程语言的建议和最佳实践。

（2）错误检测和调试：智能识别代码中的错误和潜在问题，提供修复建议。

（3）性能优化：分析代码性能，提供优化策略和改进方案。

程序开发类GPT的技术特点如下所示。

（1）智能分析代码：利用AI技术进行深入的代码分析，提高代码质量和性能。

（2）跨语言支持：支持多种编程语言，适应不同的开发环境和需求。

6. 教育类

教育类GPT专注于提供个性化的学习体验和教育内容。这些GPT应用通过定制化的教学方法和互动学习工具，改善教育效果和学习体验。

教育类GPT的功能和用途如下所示。

（1）个性化学习计划：根据学生的学习进度和兴趣定制学习计划和材料。

（2）语言学习辅助：提供语言学习工具，如语法练习、会话模拟和发音指导。

（3）科学教育应用：辅助科学教育，提供实验模拟、理论解释和问题解答。

教育类GPT的技术特点如下所示。

（1）适应性学习：根据学生的反馈和学习进度调整教学内容和难度。

（2）互动和参与：通过互动式学习工具和游戏化元素提高学生的参与度和兴趣。

7. 生活类

生活类 GPT 旨在提高用户日常生活的质量和便利性。这些 GPT 应用涵盖了健康咨询、生活技巧、娱乐活动建议等多个方面。

生活类 GPT 的功能和用途如下所示。

（1）健康和健身咨询：提供与健康相关的建议、饮食计划和健身指导。

（2）生活技巧分享：分享日常生活技巧，如家居维护、财务管理和时间管理。

（3）娱乐和休闲建议：根据用户的兴趣和偏好推荐娱乐活动和休闲方式。

生活类 GPT 的技术特点如下所示。

（1）个性化建议：根据用户的个人信息和偏好提供定制化的建议和解决方案。

（2）实用性和便利性：强调应用的实用性和便利性，旨在简化和丰富用户的日常生活。

12.3　GPT Store 榜单

GPT Store 作为一个展示和提供基于 GPT 技术应用的平台，特别设立了两个主要的榜单：精选榜单和趋势榜单。这两个榜单的设置旨在帮助用户快速了解和发现商店中最受欢迎和最具潜力的 GPT 应用。

在精选榜单中，GPT Store 每周都会精心挑选并展示四款表现优秀的 GPTs 应用。这些应用是根据一系列标准，如用户评价、使用频率、创新性和实用性等综合评定的。精选榜单上的应用代表了 GPT Store 中的高质量标准，它们可能包括最新的技术突破、最具创意的应用设计或是最能解决用户需求的实用工具。通过精选榜单，用户可以快速了解到哪些 GPT 应用在过去一周内表现突出，从而为自己的需求找到最佳的解决方案。

趋势榜单则专注于展示那些目前最具潜力的 GPT 应用。这些应用可能是新上市的，或者是近期获得了显著关注和使用率增长的。趋势榜单上的应用通常具有创新性和前瞻性，它们可能是正在兴起的新趋势，或者是即将成为主流的新工具。通过趋势榜单，用户不仅能够发现新兴的 GPT 应用，还能够洞察到未来可能的发展方向和应用趋势。

下面我们具体介绍目前精选榜单上的四款 GPT 应用。

12.3.1　个性化徒步路线推荐——AllTrails

AllTrails 的 GPT 应用是一个创新的工具，专门为徒步旅行和远足爱好者设计。它结合了先进的 GPT 技术和个性化算法，为用户提供量身定制的徒步路线推荐。

1. 应用具体功能

（1）个性化推荐：该应用通过分析用户的个人偏好、徒步经验和健身水平，为他们提供最适合他们的徒步路线。用户可以输入特定的要求，如路线长度、难度级别、风景类型等，以获得更加个性化的推荐。

（2）历史活动数据分析：AllTrails 的 GPT 应用利用用户的历史活动数据来优化推荐结果。这包括用户过去的徒步路线、活动频率、偏好的地理区域等信息。

（3）动态路线生成：该应用能够根据当前的天气条件、季节变化和地形信息生成适宜的徒步路线。这确保了推荐的路线不仅符合用户的偏好，而且考虑到了实际的徒步条件。

（4）社区反馈集成：结合来自 AllTrails 社区的评价和反馈，该应用能够提供经过其他徒步者验证的高质量路线。用户可以查看其他徒步者的评论和照片，以获得更全面的路线信息。

2. 用户体验

（1）易用性：AllTrails 的 GPT 应用的界面直观易用，用户可以轻松输入他们的偏好和要求。该应用能提供清晰的路线信息和地图，方便用户规划他们的徒步旅行。

（2）个性化设置：用户可以创建个人资料，保存他们的偏好和历史活动，以便该应用在未来提供更准确的推荐。该应用还允许用户调整和定制推荐算法的参数，以更好地满足他们的特定需求。

（3）互动和社区连接：该应用鼓励用户分享他们的徒步经验和照片，与 AllTrails 社区的其他成员互动。用户可以通过该应用参与徒步挑战和活动，增加徒步体验的乐趣和参与感。

总的来说，AllTrails 的 GPT 应用通过结合个性化算法和用户反馈，为徒步旅行爱好者提供了一个强大且定制化的路线推荐工具。它不仅使得寻找理想的徒步路线变得简单，而且通过社区的力量增强了徒步体验的丰富性和互动性。

12.3.2　文献搜索和综述——Consensus

Consensus 是一个学术研究工具，旨在为用户提供一个全面、高效的学术论文搜索和综合运用的平台。这个应用利用先进的 GPT 技术，结合大数据分析，为用户提供超过 2 亿篇学术论文的访问和深入分析。

1. 应用具体功能

（1）庞大的论文数据库：Consensus 拥有一个庞大且不断更新的数据库，包含来自全球各个学术领域的超过 2 亿篇论文。这个数据库覆盖了从自然科学到人文社会科学的广泛领域，包括但不限于医学、工程、经济学、心理学等。

（2）智能搜索引擎：应用内置的智能搜索引擎允许用户通过多种方式进行搜索，包括关键词、作者、出版日期、研究领域等。高级过滤和排序功能使用户能够根据特定需求快速找到最相关的论文。

（3）论文综合分析：Consensus 不仅提供搜索服务，还能对搜索到的论文进行深入的综合分析。该应用通过提取论文的关键信息，如摘要、研究方法、主要发现和结论，帮助用户快速理解论文的核心内容。

（4）个性化推荐系统：根据用户的研究兴趣和历史搜索行为，Consensus 提供个性化的论文推荐。这一功能帮助用户发现新的研究领域和最新的学术成果。

2. 应用场景

（1）学术研究和文献综述：对于进行深入学术研究的学者和学生，Consensus 是理想的工具，能够帮助他们快速找到并整合大量相关文献。该应用特别适用于编写文献综述和研究报告，提供全面的背景资料和理论支持。

（2）跨学科研究项目：Consensus 支持跨学科研究，提供不同领域的学术论文，促进知识融合和创新思维。该应用能够帮助研究人员发现新的研究方法和理论框架，拓宽研究视野。

（3）研究趋势和市场分析：Consensus 可以用于分析特定领域的研究趋势和市场需求，对于预测未来研究方向和识别新兴市场机会具有重要价值。

（4）教育和教学辅助：教育工作者可以利用 Consensus 来准备教学材料和课程内容。该应用提供的深入分析和综合资料有助于教育工作者提高教学质量，也有助于提升学生的学习体验。

3. 技术特点

（1）先进的 GPT 技术应用：Consensus 利用最新的 GPT 技术进行文本分析和信息提取，确保搜索结果的准确性和深度。该应用的智能算法能够理解复杂的研究查询和用户需求。

（2）大数据处理能力：Consensus 处理和分析超过 2 亿篇学术论文，展示了强大的数据处理能力。这使得 Consensus 能够提供广泛而深入的研究资料和分析。

Consensus 作为一个高效、全面的学术论文搜索和综合工具，极大地简化了学术研究的准备工作。它不仅为研究人员提供了宝贵的资源，还通过其先进的技术和用户友好的设计，提高了研究效率和质量。无论是对于个人研究者、学术团队，还是教育工作者，Consensus 都是一个不可或缺的助手，使得获取、分析和整合学术资料变得更加便捷和高效。

总之，Consensus 通过其强大的功能和灵活的应用，已经成为学术研究领域的一颗璀璨明星。它不仅代表了 GPT 技术在学术领域的成功应用，也展示了人工智能如何能够有效地辅助和提升人类的知识探索和学术研究。随着技术的不断进步和用户需求的不断发展，Consensus将会继续演化，为学术界带来更多的便利和创新。

12.3.3　编程学习工具——Code Tutor

Code Tutor是一个编程学习工具，旨在利用先进的GPT技术帮助用户提升编程技能。这个应用通过提供交互式的编程教学和实践练习，为不同水平的编程学习者提供了一个全面、易于使用的学习平台。

1. 应用具体功能

（1）交互式编程教学：Code Tutor提供了一系列互动式的编程教程，涵盖从基础到高级的多种编程语言和技术。其教程通过逐步指导、实例演示和即时反馈的方式，帮助用户理解编程概念和技巧。

（2）实践练习和挑战：Code Tutor内置了大量的编程练习和挑战，旨在提高用户的实际编码能力。这些练习覆盖了各种实际应用场景，从简单的代码片段到复杂的项目开发。

（3）个性化学习路径：Code Tutor根据用户的学习进度和表现，提供个性化的学习建议和路径。该应用能够根据用户的兴趣和目标，推荐合适的课程和练习。

（4）智能辅导和支持：利用GPT技术，Code Tutor能够提供智能的编程辅导和问题解答。用户可以随时向该应用提出编程相关的问题，获得详细和准确的解释。

（5）实时反馈和进度跟踪：在练习编程时，用户通过Code Tutor会获得实时反馈，该应用可以帮助用户及时纠正错误并理解正确的编程方法，还可以跟踪用户的学习进度，提供定期的进度报告和成就概览。

（6）个性化学习体验：通过Code Tutor，用户可以根据自己的学习节奏和兴趣定制学习计划。该应用提供多种学习模式，包括自学、指导学习和挑战模式，以适应不同用户的学习风格。

2. 应用场景

（1）初学者入门：对于编程初学者，Code Tutor 提供基础课程，教授编程的基本概念和语言基础。通过简单的示例和练习，Code Tutor 能够帮助初学者建立坚实的编程基础。

（2）中级学习者提升：对于有一定基础的学习者，Code Tutor 提供中级课程，涵盖更复杂的编程技术和概念。Code Tutor 通过项目驱动的练习和挑战，帮助学习者提升编程技能和解决问题的能力。

（3）高级学习者深化：对于高级学习者，Code Tutor 提供高级课程和专题研究，涉及高级编程技术、算法和数据结构等。该应用提供的深入挑战和项目，能够帮助学习者深化理解和扩展编程能力。

（4）职业发展和技能提升：Code Tutor 也适用于希望提升职业技能的专业人士，它提供的行业相关课程和实践项目，能够帮助用户适应职场需求和技术发展。

3. 技术特点

（1）先进的 GPT 技术应用：Code Tutor 利用 GPT 技术提供智能辅导和个性化学习体验。该应用的智能算法能够理解复杂的编程问题和用户需求，提供针对性的指导和解答。

（2）动态学习内容更新：Code Tutor 会定期更新其课程内容和练习题库，确保与当前编程技术和行业趋势保持一致。这使得学习者能够接触到最新的编程语言和开发工具。

（3）交互式学习环境：Code Tutor 提供一个交互式的编程环境，允许用户在实时的代码编辑器中编写、测试和运行代码。这种在实践中学习的方式有助于加深理解和巩固知识。

Code Tutor 是一个全面、创新的编程学习工具，它通过结合 GPT 技术和交互式学习体验，为编程学习者提供了一个独特的学习平台。无论用户是编程新手还是希望提升现有技能的专业人士，Code Tutor 都能够满足他们的需求。通过个性化的学习路径、实时反馈和丰富的实践练习，Code Tutor 不仅能提高用户编程学习的效率和乐趣，还能帮助用户在不断更新的技术中保持竞争力。

12.3.4　设计演示文稿和社交媒体帖子——Canva

　　Canva 的 GPT 应用是一个创新的设计工具,旨在帮助用户设计演示文稿和社交媒体帖子。这个应用结合了 GPT 技术的智能和 Canva 的设计平台的易用性,为用户提供了一个简单、高效的设计解决方案。它特别适合那些没有专业设计背景但希望创建专业级视觉内容的用户。

1. 应用功能

　　(1)智能设计建议:Canva 的 GPT 应用通过分析用户的设计需求和偏好,提供个性化的设计建议。该应用能够根据用户输入的主题、风格或颜色偏好,生成合适的设计模板和布局建议。

　　(2)创意灵感生成:对于需要创意灵感的用户,该应用能够提供创意点子和视觉灵感。这包括颜色搭配、字体选择、图像和元素的建议,帮助用户启发创意思维。

　　(3)交互式设计体验:用户可以与该应用进行互动,实时调整设计元素,如更改文字、图片和布局。该应用提供即时预览功能,让用户能够立即看到他们的更改效果。

　　(4)提供模板和资源库:Canva 的 GPT 应用提供了丰富的模板和设计资源库,包括图片、图标、形状和背景等。用户可以根据自己的需求从这些资源中选择和使用,快速创建设计作品。

　　(5)个性化和定制化:该应用提供高度的个性化和定制化选项,使用户能够根据自己的品牌或个人风格创建独特的设计。

　　(6)协作和分享功能:Canva 的 GPT 应用支持多用户协作,团队成员可以共同编辑和评论设计作品。该应用还提供分享和导出功能,方便用户将设计作品分享到社交媒体或以不同格式导出。

2. 应用场景

　　(1)演示文稿设计:Canva 的 GPT 应用非常适合用于创建商业或教育演示文稿。用户可以根据演讲主题和内容,快速设计出清晰、吸引人的演示幻灯片。

（2）社交媒体内容创作：对于社交媒体达人和内容创作者，该应用提供了一种快速生成吸引人的社交媒体帖子的方式。用户可以根据不同的社交媒体平台和趋势，设计出符合个人品牌形象的帖子。

（3）品牌和营销材料：Canva 的 GPT 应用也适用于创建品牌宣传材料，如海报、传单和广告。该应用的设计建议能帮助用户保持品牌一致性，同时提高营销材料的吸引力。

（4）个人项目和爱好：对于个人用户，应用提供了一种简单的方式来设计个人项目，如邀请函、贺卡和相册。用户可以根据个人喜好和事件主题，创作出个性化的设计作品。

3. 技术特点

（1）集成 GPT 技术：Canva 的 GPT 应用结合了最新的 GPT 技术，提供智能化的设计建议和创意灵感。该应用的算法能够理解用户的设计需求和偏好，提供定制化的设计方案。

（2）丰富的设计资源：应用内置了大量的设计元素和资源，包括专业级的图片、图标、字体和模板。这些资源为用户提供了无限的创意，增加了设计的灵活性。

Canva 的 GPT 应用是一个强大而直观的设计工具，它通过结合 GPT 技术和丰富的设计资源，为用户提供了一种全新的设计体验。无论是专业设计师还是设计新手，都可以利用这个应用轻松创建出专业级的演示文稿和社交媒体帖子。随着设计需求的不断增长和多样化，Canva 的 GPT 应用将继续成为设计领域的重要工具，帮助用户实现他们的创意愿景。

第13章

GPT Store 上架实战

GPT Store是OpenAI在AI领域的一项重要创新，它将为用户提供一个更加便捷、高效、安全的GPT应用平台。将GPTs上架至GPT Store不但能增加开发者的收入与激励，还能丰富用户选择、提升用户体验、促进社区建设与知识共享，不管是开发者还是普通用户，都可以上架自己的应用。

13.1 GPT Store 上架的意义

在当今快速发展的人工智能领域，定制化GPTs技术的应用正变得日益广泛。对于开发者而言，将他们的GPTs上架至GPT Store不仅是一个展示创新成果的机会，更是一个扩大市场影响力、提升用户体验的重要途径。

1. 市场扩展

（1）触及更广泛的受众：将GPTs上架至GPT Store，使得这些应用能够触及更广泛的用户群体。这不仅包括专业的技术人员和行业专家，还包括对人工智能感兴趣的普通用户。商店提供的平台使得定制化GPTs能够被更多人发现和使用，从而扩大了其市场覆盖范围。

（2）市场多样性：GPT Store 聚集了来自不同领域和背景的开发者，这为用户提供了多样化的选择。开发者可以通过观察其他成功案例，了解市场趋势，从而更好地定位自己的产品和服务。

（3）品牌曝光和认知：在 GPT Store 上架 GPTs 应用有助于增加开发者的品牌曝光度。这不仅增加了潜在用户的认知，也为开发者带来了更多合作和发展的机会。

2. 技术创新推广

（1）展示技术实力：GPT Store 为开发者提供了一个展示其技术实力和创新成果的平台。通过上架独特和高效的 GPTs 应用，开发者可以展示他们在人工智能领域的专业能力和创新思维。这种展示不仅吸引了技术同行的关注，也为潜在的投资者和合作伙伴提供了评估的依据。

（2）推动行业发展：通过在 GPT Store 上架创新的应用，有助于推动整个行业的技术进步。这些应用往往引领新的趋势，激发其他开发者的灵感，共同推动人工智能技术的发展和应用。

（3）品牌建设和差异化：在 GPT Store 上架的 GPTs 应用可以帮助开发者建立独特的品牌形象。在 GPT Store 中上架的 GPTs 应用通过提供独特的解决方案或创新的应用，使开发者可以在竞争激烈的市场中脱颖而出，建立差异化的竞争优势。

（4）满足多样化需求：GPT Store 中的应用覆盖了从文本生成、数据分析到图像处理等多个领域，能够满足不同用户的多样化需求。这种多样性不仅为用户提供了更多选择，也使得他们能够找到更加精准和高效的解决方案。

（5）提升服务质量：上架至 GPT Store 中的应用通常经过严格的测试和优化，以确保提供高质量的服务。这种专业级别的服务质量提升了用户的整体体验，增加了用户对 GPT 技术的信任和依赖。

总结来说，将 GPTs 上架至 GPT Store，对于开发者而言是一个重要的战略决策。它不仅有助于扩大应用的市场覆盖，推广技术创新，还能优化用户体验，提升品牌形象。随着人工智能技术的不断进步，GPT Store 将成为连接开发者和用户、推动技术创新和应用的重要平台。

13.2 GPT Store 上架步骤

　　要将GPTs上架到GPT Store，首先，用户需要在ChatGPT平台进行注册，并升级至ChatGPT Plus，以获取必要的开发资源和权限。其次，进行GPT应用的设计、编码、测试和优化。最后，将完成的应用提交至GPT Store进行发布。将GPTs应用上架至GPT Store的具体步骤如下所示。

1. 开通 ChatGPT 的 Plus

　　注册ChatGPT并升级为Plus：用户首先需要在ChatGPT平台注册账户，并付费升级为Plus，可参照第1.3节中的具体操作指南完成注册升级过程。

2. GPTs 开发和测试

　　本步骤的所有操作已经在前文详细讲解，此处不再赘述。

3. 在 ChatGPT 上校验用户 Domain

　　这一步的操作如下所示。

　　（1）打开ChatGPT配置菜单：
首先，打开ChatGPT的主界面。
其次，在ChatGPT界面的左下角，
单击用户头像，找到"Settings &
Beta"按钮，单击该按钮，如
图13.1所示。

　　（2）进入设置页面并选择
"Builder profile"：在展开的菜单
中，找到并选择"Settings"选项，
进入ChatGPT的设置页面。在
"Settings"页面中，找到并选择
"Builder profile"选项。在这里，

图13.1　设置菜单

需要添加我们的域名信息，单击"Verify new domain"，如图13.2所示。

图 13.2 "Builder profile"页面

（3）管理域名并复制"value"字段：在
"Manage Domain"页面中，输入我们的域
名。输入后，系统将显示与该域名相关的
信息。在显示的信息中，找到一个特定的
value字段。这个字段包含了一串特定的
字符，我们需要将其完整地复制下来，如
图13.3所示。

图 13.3 查看value值

（4）域名解析设置：我们以腾讯云平
台为例进行说明。首先，登录到腾讯云的域名解析控制台，并完成登录。
在控制台中，选择需要操作的域名，进入域名解析区域。界面如图13.4
所示。

图 13.4 通过域名解析校验

①添加主机记录。在域名解析区域，找到添加记录选项。在主机
记录字段中输入"@"，表示对整个域名进行设置。在记录类型中选择
"TXT"，这是验证域名所有权的常用方法。接着，在记录值字段中，粘
贴我们从ChatGPT的"Manage Domain"页面中复制的value值。

②保存设置。填写完相关信息后，单击确认保存设置。完成设置后，
根据不同的域名解析服务提供商，解析生效可能需要一定的时间，通常

在10分钟到1小时之间。

（5）在ChatGPT中验证域名：完成域名解析设置后，回到ChatGPT的"Settings"页面。单击页面上的"Check"按钮，开始进行域名验证。如果一切设置正确，系统将显示验证成功的消息。成功的验证结果会在页面上明确显示，如图13.5所示。

（6）完成验证后的操作：验证成功后，我们从当前页面返回到前一个页面。在返回的页面中，选择并打开"Website"选项，如图13.6所示。这意味着域名已成功关联到ChatGPT，并可以开始使用相关功能。

图 13.5　域名校验成功

图 13.6　开启该域名

通过以上详细步骤，我们可以顺利完成在ChatGPT中的域名验证和设置。这个过程确保了我们的域名正确关联到ChatGPT，为后续的发布GPTs到GPT Store打下了基础。

4. 进入 GPTs 编辑界面，完成发布

完成域名验证之后，我们在发布的时候选择"Everyone"，根据具体应用选择正确的Category即可。

5. 确认发布成功

当我们在GPT Store发布了自己的GPTs应用后，一个重要的步骤是确认其发布是否成功。为此，我们要在GPT Store进行搜索，检查自己的

GPTs应用是否会出现在搜索结果中。如果该GPTs应用能够被搜索到,一般来说,自己发布的应用会排在搜索结果的前列,若能够搜索到该应用,则意味着发布成功,如图13.7所示。

图 13.7　搜索结果图

GPT Store 上的 SEO

在 GPT Store 中,为了确保应用能通过搜索引擎优化(Search Engine Optimization,SEO)获得更好的曝光和精准搜索,我们需要特别关注两个关键方面:GPT命名的准确性和GPT说明文本的撰写。

1. GPT 命名的准确性

GPT应用的名称会给用户留下第一印象,因此GPT的命名至关重要,它不仅影响用户的吸引力,还直接关系到搜索排名。有效的命名应该简洁、明确且具有描述性,能够准确反映应用的核心功能和用途。

(1)简洁明了:选择简短易记的名称,避免过长或复杂的名称,以免造成潜在用户的困惑。

(2)描述性强:确保名称能够清楚地描述应用的主要功能或服务,帮助用户在搜索时快速理解应用的价值。

(3)关键词融入:在命名时考虑融入相关关键词,选择那些潜在用户可能用来搜索类似应用的词汇。

（4）避免晦涩术语：除非目标用户群体非常专业，否则应避免使用过于技术性或行业内的术语。

2. GPTs 说明的撰写

GPTs 应用的说明文本是向潜在用户展示应用价值和功能的关键部分。一个有效的说明文本不仅能提升用户对应用的理解，还能提高应用在搜索结果中的排名。

（1）清晰的功能描述：在说明中明确地描述应用的主要功能和优势，突出其与众不同之处及解决用户需求的能力。

（2）使用关键词：合理地在说明文本中使用关键词，这些关键词应与应用功能和潜在用户的搜索习惯相关。

（3）用户友好的语言：使用易于理解的语言撰写说明文本，避免过度使用技术术语，以便于广泛的用户群体都能理解。

（4）结构化和格式化：良好的结构和格式可以增强文本的可读性。使用清晰的标题、子标题和列表来组织内容，使用户能够快速抓住关键信息。

（5）展示应用场景：提供一些具体的应用场景或案例，帮助用户理解该应用如何在实际中进行使用。这不仅能增加文本的吸引力，还能帮助用户更好地理解。

我们使用 GPT Store 上的 Consensus 应用作为说明，具体如下所示。

Consensus 应用的描述为：Your AI Research Assistant. Search 200M academic papers from Consensus, get science-based answers, and draft content with accurate citations.（您的人工智能研究助理。从共识数据库搜索 2 亿篇学术论文，获取基于科学的答案，并起草带有准确引用的内容。）

对于上述 Consensus 的应用，分析如下所示。

（1）GPT 命名的准确性。

①命名："Consensus：Your AI Research Assistant" 这个名称简洁而直接，同时具有很强的描述性。它明确地告诉用户这是一个人工智能研究助手。

②关键词融入：名称中的"AI Research Assistant"和"Consensus"是关键词，直接关联到人工智能和研究领域，这有助于目标用户在搜索相关内容时更容易找到这个应用。

（2）GPT说明的撰写。

①清晰的功能描述："Search 200M academic papers from Consensus, get science-based answers, and draft content with accurate citations"这句说明清楚地描述了应用的主要功能，包括搜索学术论文、获取基于科学的答案和撰写带有准确引用的内容。

②使用关键词：在说明中使用了"academic papers"、"science-based answers"和"accurate citations"等关键词，这些都是与学术研究和写作密切相关的术语，有助于提高在这些领域内搜索时的可见性。

③用户友好的语言：说明文本使用了易于理解的语言，即使是非专业人士也能快速把握应用的主要功能。